essentials

Essentials liefern aktuelles Wissen in konzentrierter Form. Die Essenz dessen, worauf es als „State-of-the-Art" in der gegenwärtigen Fachdiskussion oder in der Praxis ankommt. Essentials informieren schnell, unkompliziert und verständlich.

- als Einführung in ein aktuelles Thema aus Ihrem Fachgebiet
- als Einstieg in ein für Sie noch unbekanntes Themenfeld
- als Einblick, um zum Thema mitreden zu können.

Die Bücher in elektronischer und gedruckter Form bringen das Expertenwissen von Springer-Fachautoren kompakt zur Darstellung. Sie sind besonders für die Nutzung als eBook auf Tablet-PCs, eBook-Readern und Smartphones geeignet.

Essentials: Wissensbausteine aus den Wirtschafts, Sozial-und Geisteswissenschaften, aus Technik und Naturwissenschaften sowie aus Medizin, Psychologie und Gesundheitsberufen. Von renommierten Autoren aller Springer-Verlagsmarken.

Wolfgang Wahlster · Dieter Beste

HERMES AWARD – Internationaler Technologiepreis der HANNOVER MESSE

Innovationen für die industrielle Produktion – Die ersten zwölf Jahre

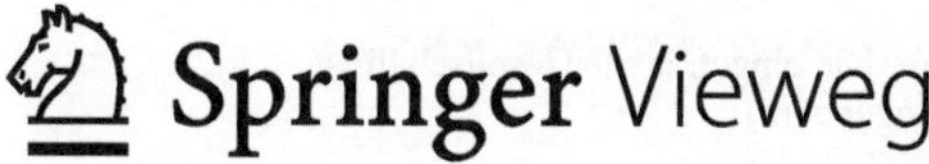

Prof. Dr. rer. nat. Dr. h.c. mult.
Wolfgang Wahlster
Saarbrücken
Deutschland

Dieter Beste
Mediakonzept
Düsseldorf
Deutschland

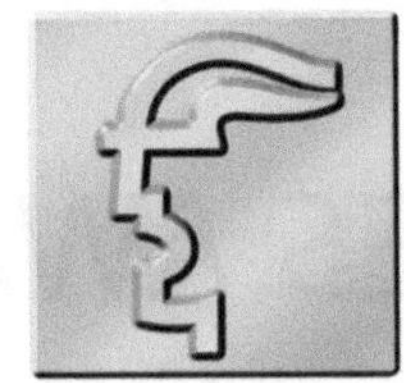

Gedruckt mit freundlicher Unterstützung der Deutschen Messe.

ISSN 2197-6708
essentials
ISBN 978-3-658-12833-3
DOI 10.1007/978-3-658-12834-0

ISSN 2197-6716 (electronic)

ISBN 978-3-658-12834-0 (eBook)

Die Deutsche Nationalbibliothek verzeichnet diese Publikation in der Deutschen Nationalbibliografie; detaillierte bibliografische Daten sind im Internet über http://dnb.d-nb.de abrufbar.

Springer Vieweg
© Springer Fachmedien Wiesbaden 2016

Gedruckt auf säurefreiem und chlorfrei gebleichtem Papier

Springer Vieweg ist Teil von Springer Nature. Die eingetragene Gesellschaft ist
Springer Fachmedien Wiesbaden (www.springer.com)

Grußwort

Der Fortschritt unserer Gesellschaft lebt von unserer Innovationskraft. Wir brauchen gute Ideen und kreative Ansätze, um zukunftsfähig zu bleiben. Wie neue Ideen Märkte verändern können, zeigt das Beispiel Industrie 4.0. Das Konzept wurde vor fünf Jahren aus der Forschung heraus als Zukunftsprojekt formuliert. Heute ist es der Maßstab für die Digitalisierung. Zahlreiche beeindruckende Praxisanwendungen führen dazu, dass Deutschland in der Umsetzung der Industrie 4.0 führend ist.

Der Hermes Award trägt entscheidend dazu bei, diese und andere Innovationen sichtbar zu machen. Das Bundesministerium für Bildung und Forschung ist neben dem Land Niedersachsen Schirmherr des weltweit mit am höchsten dotierten Technologiepreises. Seit seiner erstmaligen Verleihung im Jahr 2004 ist der Hermes Award eine der international begehrtesten Anerkennungen.

Alle von der Jury ausgewählten Produkte und Verfahren haben einen gemeinsamen Kern: Sie überraschen durch ihre neuen Ansätze. So hat der Hermes-Preisträger 2015, die Wittenstein AG, demonstriert, wie ein klassisches Maschinenelement wie das Zahnrad auf originelle Weise anders funktionieren kann. Es wird dadurch der nächsten Generation des Hochleistungs-Maschinenbaus dienlich sein.

Der Hermes Award unterstreicht einen wichtigen Charakterzug der Hannover-Messe: Sie ist ein Marktplatz von Produkten und Verfahren und vor allem eine Messe der Ideen. Ich bin überzeugt, dass der Technologiepreis auch zukünftig ein Ansporn für Erfinder und ein wichtiger Ideengeber für Innovationen sein wird.

Bundesministerin für Bildung und Forschung   Prof. Dr. Johanna Wanka

Geleitwort

Mit dem HERMES AWARD schreibt die Deutsche Messe seit 2004 jährlich einen der bedeutendsten Industriepreise aus. Ausgezeichnet wird jeweils ein Produkt, das für eine signifikante technologische Innovation steht und erstmals auf der HANNOVER MESSE präsentiert wird. Die preisgekrönten Produkte der vergangenen Jahre belegen, dass die Innovationen der Ingenieure den Fortschritt bei Produktivität und Effizienz entscheidend nach vorn bringen. Es ist faszinierend, dass diese genialen Entwicklungen sowohl in kleinen als auch in großen Unternehmen zu Hause sind.

Für die Unabhängigkeit der Jury steht deren Vorsitzender, Herr Prof. Dr. Wolfgang Wahlster, Direktor und Vorsitzender der Geschäftsführung des Deutschen Forschungszentrums für Künstliche Intelligenz (DFKI) und Mitglied der Nobelpreis-Akademie. Die Gewinner der vergangenen Jahre haben alle vom HERMES AWARD profitiert, denn die Verleihung erfolgt im Rahmen der Eröffnungsfeier der HANNOVER MESSE vor großem Publikum aus Politik, Wirtschaft, Wissenschaft und Medien. Damit hat er den Gewinnern der vergangenen Jahre nicht nur internationale Aufmerksamkeit gebracht, sondern sich auch positiv auf die Entwicklung des Unternehmens ausgewirkt.

Ich bin bereits gespannt auf die Innovationen der kommenden Jahre. Sowohl in der industriellen Produktion als auch im Energiebereich gibt es spannende Neu- oder Weiterentwicklungen, die auf der nächsten HANNOVER MESSE präsentiert werden.

Ihnen wünsche ich eine interessante und inspirierende Lektüre.

Mitglied des Vorstandes,   Ihr
Deutsche Messe AG   Dr. Jochen Köckler

Vorwort

Der HERMES AWARD wird jährlich auf der offiziellen Eröffnungsfeier der HAN-NOVER MESSE verliehen. Er hat sich nach 12 Preisrunden zum weltweit begehr-testen Innovationspreis und Oscar für Ingenieure entwickelt. Damit sichert er für die jeweils fünf Nominierten die Aufmerksamkeit von internationalen Top-Ent-scheidern aus Wirtschaft, Forschung und Politik sowie höchste Medienpräsenz.

Der HERMES AWARD hatte im Jahr 2015 mit knapp 70 Bewerbungen von Ausstellern der Hannover Messe aus 10 Nationen eine Rekordbeteiligung. Er wirkt wie olympisches Gold, motiviert die Ingenieure zu weiteren Höchstleistungen, ga-rantiert die verdiente Anerkennung unter Kollegen und bringt neue Kunden – und damit letztlich auch das Wichtigste: den Geschäftserfolg.

Als Vorsitzender der Jury für den HERMES AWARD und Mitglied der No-belpreis-Akademie in Stockholm achte ich während der hochkarätig besetzten Jurysitzungen auf höchste Maßstäbe beim technisch-wissenschaftlichen Innova-tionsgrad, aber auch beim gesellschaftlichen Nutzen der Anwendung und auf das

Wertschöpfungspotenzial. Unsere Jury hat in den letzten 12 Jahren über 600 Innovationen begutachtet, die jeweils auf der HANNOVER MESSE erstmals vorgestellt wurden.

Die Selektion des Gewinners erfolgt in drei Stufen. Zunächst werden von anerkannten wissenschaftlichen Beratern die 20 Top-Einreichungen ausgewählt. Um eine möglichst genaue, reproduzierbare und objektive Beurteilung der Bewerbungen durchzuführen, werden dabei die Produkteigenschaften nach einem standardisierten Bewertungsschema unter anderem bezüglich Funktion, Wirkprinzip, Gestaltung, Sicherheit, Ergonomie, Fertigung, Montage, Gebrauch, Instandhaltung und Umweltfreundlichkeit analysiert. Danach diskutiert die Jury intensiv über die zehn Bewerbungen mit den besten Vornoten und selektiert fünf für den Preis nominierte Innovationen. Schließlich wird der Preisträger aus den fünf Nominierten nach einer erneuten Runde von Fachdiskussionen bestimmt. Der Gewinner wird wie bei der Oscar-Verleihung erst bei der offiziellen Preisverleihung nach der Vorstellung aller nominierten Innovationen durch die Bundesministerin für Bildung und Forschung bekannt gegeben.

Der in diesem Band präsentierte Preisträger des Jahres 2015 zeigt, dass auch im Zeitalter der Digitalisierung durchaus noch Sprunginnovationen in den grundlegenden Bewegungsprinzipien für industrielle Antriebe möglich sind, wenn man innovative Kinematiken und physikalische Effekte geschickt nutzt: Unsere Jury hat das Galaxie-Getriebe von Wittenstein einstimmig als Gewinner ermittelt, da es mit der logarithmischen Spirale – wie sie in der Natur beispielsweise in Schneckenhäusern bekannt ist – eine fundamental neue Funktion für Getriebeverzahnungen verwendet, um ein neuartiges Hochleistungsantriebssystem ohne Zahnrad mit integrierter Sensorik und Vernetzung anzubieten.

Das Galaxie-Getriebe ist auch ein wichtiger Beitrag zu Industrie 4.0 als einem inzwischen weltweit bekannten Zukunftsprojekt der Forschungsunion der Bundesregierung, das ich bei meiner Moderation zum HERMES AWARD während der Eröffnungsveranstaltung zur HANNOVER MESSE im Jahr 2011 erstmals öffentlich vorgestellt hatte.

Vorsitzender der Jury,   Prof. Dr. rer. nat. Dr. h.c. mult. Wolfgang Wahlster
CEO des Deutschen
Forschungszentrums für Künstliche
Intelligenz (DFKI GmbH)

Inhaltsverzeichnis

Industrie 4.0 und Smart-Service-Welt 1

Die industrielle Fertigung steht im Internetzeitalter vor einem Paradigmenwechsel

Vor fünf Jahren haben Henning Kagermann, Wolf-Dieter Lukas und Wolfgang Wahlster das Konzept der Industrie 4.0 erstmals vorgestellt. Industrie 4.0 steht heute in nahezu jeder industriepolitischen Agenda und Unternehmensstrategie. Auch international wurde der Begriff zu einem Aushängeschild des Produktionsstandorts Deutschland. Im Interview (Abb. 1.1) ziehen die Gründungsväter der Strategie eine Zwischenbilanz und wagen Ausblicke.

▶ Wie steht es um den Industriestandort Deutschland?

Lukas Es steht gut um den Industriestandort Deutschland. Das gilt generell und erst recht für den Bereich der industriellen Produktion und des Maschinenbaus, der indirekt für jeden zweiten Arbeitsplatz und die hohen Handelsüberschüsse unserer Volkswirtschaft verantwortlich ist. Entscheidend ist, dass wir gerade in diesem Sektor neue technologische Entwicklungen insbesondere der Digitalisierung aufgreifen. Mit dem Zukunftsprojekt Industrie 4.0 tun wir genau dies.

▶ In der technischen Wochenzeitung VDI-Nachrichten haben Sie drei gemeinsam in einem viel beachteten Beitrag zur Hannover-Messe 2011 erstmals das jetzige Stadium der industriellen Entwicklung mit dem Begriff „Industrie 4.0" gekennzeichnet.

Wahlster In der Forschungsunion der Bundesregierung hatten wir die Aufgabe übernommen, im Rahmen der Hightech-Strategie ein Zukunftsprojekt zu definieren, das unseren wissenschaftlichen Vorsprung auf dem Gebiet der cyber-physischen Systeme in einen wirtschaftlichen Erfolg umsetzen kann. Wir haben uns

© Springer Fachmedien Wiesbaden 2016
W. Wahlster, D. Beste, *HERMES AWARD – Internationaler Technologiepreis der HANNOVER MESSE*, essentials, DOI 10.1007/978-3-658-12834-0_1

Abb. 1.1 Die Professoren Kagermann, Wahlster und Lukas (von *links*) diskutieren die Bedingungen und Wirkungen der vierten industriellen Revolution. (Bildquelle: DFKI)

damals für den Produktionssektor entschieden, weil wir u. a. aufgrund der positiven Erfahrungen mit unserer ersten SmartFactory-Anlage die größten Chancen sahen, Deutschland mithilfe des Internet der Dinge und der Dienste zum Leitmarkt und Leitanbieter für eine neue Generation von multiadaptiven Fabriken zu machen. Ich habe unseren neuen Begriff „Industrie 4.0" bei der Moderation für den Hermes Award auf der Eröffnungsveranstaltung der Hannover-Messe am 3. April 2011 erstmals in einer öffentlichen Ansprache erwähnt. Zusammen mit unserem Namensartikel in den VDI-Nachrichten wurde das dann schnell zum Top-Thema der Messe – wenn zunächst auch noch in Insider-Kreisen.

▶   Was ist das Neue? Was bedeutet vierte industrielle Revolution?

Kagermann Die erste industrielle Revolution, die Einführung mechanischer Produktionsanlagen Ende des 18. Jahrhunderts und die zweite industrielle Revolution, die arbeitsteilige Massenproduktion von Gütern am Fließband mithilfe elektrischer Energie seit der Wende zum 20. Jahrhundert mündeten ab etwa 1970 in die dritte industrielle Revolution, mit der durch den Einsatz von Elektronik und Informationstechnologie getriebenen zunehmenden Automatisierung von Produktionsprozessen.

Jetzt stehen wir wieder vor einem Paradigmenwechsel, denn in den kommenden Jahren werden sich die Möglichkeiten der digitalen Vernetzung auch in der Industrie voll entfalten. Industrie 4.0 bedeutet eine hochflexible, ressourcenschonende und hochadaptive Produktion. Das Ziel lautet Losgröße 1 – die Fertigung individueller Produkte zu den Kosten der Massenproduktion. Industrie 4.0 ist das Label, mit dem wir einerseits diese Veränderungen analytisch kennzeichnen können und andererseits ein Leitbild in Deutschland, eine gemeinsame Vision, entwerfen.

Lukas Auf dem Gebiet der softwareintensiven eingebetteten Systeme hat sich Deutschland bereits eine führende Stellung insbesondere im Automobil- und Maschinenbau erarbeitet. Nun gilt es, den nächsten Schritt zum Internet der Dinge im industriellen Umfeld zu machen, damit Deutschland in den kommenden fünf Jahren auch zum Leitanbieter auf diesen neuen Märkten wird ...

Kagermann ... zum weltweit gefragten Ausrüster der Industrie 4.0. Bei der Einführung des Internets der Dinge, Daten und Dienste in industrielle Prozesse hat sich Deutschland eine gute Ausgangsposition erarbeitet. Die deutsche Forschung gehört in vielen relevanten Bereichen wie semantischen Technologien oder der digitalen Modellierung von Produkten zur Weltspitze. Im Bereich des maschinellen Lernens haben wir gegenüber den USA etwas an Boden verloren.

Wahlster Durch die digitale Veredelung von Produktionsanlagen und industriellen Erzeugnissen bis hin zu Alltagsprodukten mit integrierten Speicher- und Kommunikationsfähigkeiten, Funksensoren, eingebetteten Aktuatoren und intelligenten Softwaresystemen entsteht gegenwärtig eine Brücke zwischen der virtuellen Welt, dem Cyberspace, und der dinglichen Welt, wie wir sie kennen – bis hin zu einer feinen, wechselseitigen Synchronisation zwischen dem digitalen Modell und der physischen Realität.

Lukas Künftig werden sich Unternehmen und ganze Wertschöpfungsnetzwerke in nahezu Echtzeit steuern und optimieren lassen. Hierin liegen erhebliche Effizienzgewinne.

Kagermann Das Produkt steuert dann aktiv seinen individuellen Fertigungsprozess. Das ist eine kopernikanische Wende in der Produktion, die lange Zeit auf einer zentralen Steuerung beruhte. Der Rohling für ein Produkt kommuniziert mit der Maschine über seine Fertigungsschritte und über alternative Fertigungswege.

▶   Das entstehende Produkt steuert den Produktionsprozess?

Kagermann Ja, es überwacht über die eingebettete Sensorik die relevanten Umgebungsparameter– das Produkt wird gleichzeitig zum Beobachter und zum Akteur. Die vertikale Vernetzung eingebetteter Systeme bietet mit betriebswirtschaftlicher Anwendungssoftware erhebliche Optimierungspotenziale in Logistik und Produktion. Durch die lokale Autonomie aktiver digitaler Produktgedächtnisse, die direkt am Ort des Geschehens in der Produktions- und Logistikkette installiert sind, ergeben sich kürzeste Reaktionszeiten bei Störungen und eine optimale Ressourcennutzung in allen Prozessphasen.

Wahlster Die entstehenden Produkte selbst erhalten so unmittelbaren Zugang zu allen übergeordneten Prozessdaten. Die von den Produktionsmaschinen, den digital veredelten Produkten und den darauf implementierten Smart Services gesammelten Massendaten werden als Smart Data immer mehr zum Wirtschaftsgut, weil sie die Produktion, die Produkte und die Serviceleistungen optimieren und zum Turboantrieb für neue Geschäftsmodelle werden. Die starre zentrale Fabriksteuerung wird durch eine dezentrale Intelligenz ersetzt. Produkte und Fertigungsanlagen werden zu aktiven Systemkomponenten, die ihre eigene Herstellung und Logistik steuern. Damit können auch kleinste Losgrößen bei raschem Produktwechsel und hoher Variantenzahl effizient und zu den Kosten von Massenprodukten hergestellt werden. Durch Maschine-zu-Maschine-Kommunikation (M2M), aktive semantische Produktgedächtnisse, digitale Fabrikgedächtnisse und die Nutzung von Smart Grids werden neue Optimierungsverfahren für die Ressourcenschonung im industriellen Umfeld realisiert. Wichtig dabei sind offene Web-Standards, damit sich über semantische Metasprachen auch Maschinen verschiedener Hersteller untereinander inhaltlich verstehen können.

▶   Welche Konsequenzen ergeben sich aus diesem Paradigmenwechsel?

Lukas Die Geschäftspotenziale der vierten industriellen Revolution liegen einerseits in der betrieblichen Optimierung der Prozesse, die eine Fertigung geringer Stückzahlen bis hin zur Losgröße 1 wirtschaftlich macht. Andererseits werden sich neue Dienstleistungen für vielfältige Anwendungsbereiche herausbilden. Wir treten ein in eine Smart-Service-Welt, die Grundlage für völlig neue Geschäfts- und Betreibermodelle wird. Ein erhebliches wirtschaftliches Potenzial liegt zukünftig in den Prozess- und Nutzungsdaten. Diese zu heben, sollten wir nicht außer Acht lassen. Wir müssen hier aktiv werden und es nicht anderen überlassen, mit den Daten Geschäfte zu machen. Dabei haben wir die Chance, basierend auf unseren Sicherheitsstandards neue exportfähige zuverlässige und transparente Angebote zu schaffen.

Wahlster Durch die intelligente Steuerung ressourcenschonender cyber-physischer Fabriken wird auch die urbane Produktion wieder möglich, die nicht nur für die Umwelt, sondern und auch für die Mitarbeiter durch kurze Wege zum Arbeitsplatz viele Vorteile bietet. Zudem wird durch die Möglichkeit zur Multilinienfertigung und zur sehr schnellen Umrüstung systematisch der Volatilität der globalen Märkte Rechnung getragen, sodass letztendlich auch die Arbeitsplätze sicherer werden. Denn die nach den Prinzipien von Industrie 4.0 aufgebauten Fabriken sind multiadaptiv ausgelegt – sie können also schnell und kostenminimiert an veränderte Märkte angepasst werden.

Kagermann Für den Zugriff auf die aktiven Produktgedächtnisse werde neue multimodale Interaktionsparadigmen notwendig: Menschen und Maschinen kommunizieren mittels intelligenter Devices – Tablets, Wearables, Augumented Reality. Der Produktionsprozess wird transparent, unser Wissen darüber wächst exponentiell. Mit diesem Wissen kann in den Unternehmen, aber auch an Forschungseinrichtungen oder Hochschulen ein großes Maß an Kreativität entwickelt werden. Industrie 4.0 führt auch zu einer Arbeit 4.0.

Lukas Die dritte industrielle Revolution, die durch neue Materialen, Robotereinsatz und zentrale Steuerungssysteme geprägt war, wird schon in der kommenden Dekade weitgehend vom Internet der Dinge auf Basis Cyber-Physischer Systeme abgelöst sein: Auf Basis der Daten von Nutzern und Smart Products werden mittels Smart Data individuelle Pakete aus Produkten, Diensten und Dienstleistungen angeboten und nachgefragt – Smart Services. Industrie 4.0 und Smart Services sind die zwei Seiten einer Medaille im weltweiten Digitalisierungswettbewerb. Wir möchten, dass Deutschland in dieser vierten industriellen Revolution die erste Geige spielt.

Kagermann Die Auswirkungen von Industrie 4.0 werden revolutionär sein, die Entwicklung gleicht aber eher einer Evolution. Die Migration bestehender Fabriken zu Smart Factories verläuft schrittweise. Einzelne Innovationstreiber wie die additive Fertigung werden bereits in bestehende Produktionsprozesse integriert. Nach und nach werden cyber-physische Komponenten in die industrielle Steuerung integriert. Sie bilden das Nervensystem einer Smart Factory. Damit verändert sich auch die Rolle des Menschen. Er wird zunehmend vom „Maschinenbediener" zum Dirigenten. Auch die Interaktion zwischen Menschen und Maschinen wird immer enger. Das sehen wir bereits in den Fortschritten in der kollaborativen Robotik. Arbeitsräume von Robotern, die aus Sicherheitsgründen bislang unzugänglich eingezäunt sind, wird man öffnen, um im wahrsten Sinne des Wortes Hand in Hand mit ihnen zusammenzuarbeiten. Der Roboter verlässt seinen Käfig.

> ▶ Welche Erfahrungen machen Unternehmen, die sich als Pioniere auf die Industrie 4.0 einlassen?

Lukas Vielfach werden schon heute Prinzipien der Industrie 4.0 in Automationslinien integriert oder beim Neubau von Fabriken in der Planung berücksichtigt. Da personalisierte Smart Products kurze Wege zum Kunden erfordern, werden bereits erste Produktionsstätten aus Asien als Smart Factories nach Europa zurückverlagert. Wir können beobachten, dass die deutschen Zukunftsprojekte Industrie 4.0 und Smart-Service-Welt weltweit mit großer Aufmerksamkeit verfolgt werden. Dies gilt insbesondere auch für unseren Umgang mit dem Datenschutz und der Datensicherheit und der hierzulande energischen Erarbeitung von Richtlinien und Normen für die Industrie 4.0.

Kagermann Industrie 4.0 ist zwar durch IT getrieben, aber nicht ausschließlich eine technologische, sondern auch eine soziale Innovation. Zum Zielbild gehört, dass die Produktion dem Takt des Menschen folgt und der Zuwachs an Flexibilität zugunsten der Arbeitnehmer genutzt werden kann. Der Schlüssel dafür liegt in der Aus- und Weiterbildung. Bisher stehen kaum spezifische Aus- und Weiterbildungsangebote für Industrie 4.0 zur Verfügung, wobei in Großunternehmen mehr Angebote als in KMU vorhanden sind. Wichtig sind deshalb insbesondere ein Ausbau spezifischer Aus- und Weiterbildungsangebote sowie eine stärkere Integration und Ausrichtung bestehender Angebote auf Industrie 4.0. Dabei muss berücksichtigt werden, dass sich auch der Prozess des Lehrens und Lernens selbst verändern wird. Aus- und Weiterbildung wird zunehmend am Arbeitsplatz und personalisiert stattfinden, wobei digitale Hilfsmittel und Bildungsangebote genutzt werden. Auch wir bei acatech möchten hierzu einen Beitrag leisten und bieten ab April gemeinsam mit dem Hasso-Plattner-Institut Massive Open Online Courses (MOOCs) an, die einen kostenlosen, überall zugänglichen und praxisnahen Überblick über die Industrie 4.0 geben.

Richtig angegangen werten Industrie 4.0 und Smart Services die Rolle der Menschen auf und eröffnen neue Perspektiven für den demografischen Wandel und die Vereinbarkeit von Beruf und Privatleben. Alternde Belegschaften werden durch intelligente Assistenzsysteme unterstützt und können deshalb ihre reichhaltige Arbeitserfahrung einbringen. Der Mensch ist nicht länger Sklave der Maschinerie wie 1936 von Charly Chaplin in dem Film „Moderne Zeiten" karikiert. In der Smart Factory folgt die Produktion dem individuellen Takt des Menschen.

Lukas In dieser Revolution können wir auf unsere Stärken aufbauen: auf einen erfolgreichen industriellen Kern mit einem weltweit einzigartigen Mittelstand, flankiert von einem gewachsenen Ökosystem von kooperierenden Spitzenforschungseinrichtungen in Informatik, Mikrosystemtechnik, Maschinen- und Anlagenbau sowie einer aufblühenden Start-up-Szene im Bereich des Internets der Dinge und der Dienste. Industrie 4.0 stärkt die Wettbewerbsfähigkeit – dieser Aussage stimmt inzwischen die überwiegende Mehrheit der Unternehmen in Umfragen zu. Das ist bemerkenswert, handelt es sich doch um ein erst vier Jahre junges Zukunftsprojekt. Jetzt müssen pragmatische Schritte folgen, die sich an konkreten Erfolgsbeispielen und an unseren spezifischen Wirtschaftsstrukturen orientieren – insbesondere am Mittelstand.

Wahlster Es gibt derzeit drei Varianten der Umstellung der Produktion auf Industrie 4.0: Beim Aufbau einer neuen Fabrikanlage kann gleich die Referenzarchitektur und die neue Produktionslogik von Industrie 4.0 verwendet werden – das passiert aber in Deutschland relativ selten. Zweitens ist es uns bereits mehrfach erfolgreich gelungen, in eine bestehende 3.0-Fabrik eine neue Produktionszelle nach den 4.0-Prinzipien zu integrieren. Und drittens ist es mit relativ geringen Kosten möglich, eine bestehende Fabrik evolutionär durch ein Retrofitting für Industrie 4.0 umzurüsten. Dazu wird die Fabrik mit einem Sensornetz überzogen, IP-Verbindungen zwischen allen Maschinen für eine semantische M2M-Kommunikation zusätzlich aufgebaut. Jede Maschine wird mit einer CPS-basierten Steuerung versehen, sodass schrittweise immer mehr Funktionen von einer I4.0-Plattform übernommen werden können, bis dann die starre alte Fabriksteuerung völlig obsolet wird und man die Vorteile von Plug & Produce nutzen kann. Die klassischen Feldgeräte werden durch cyber-physische Komponenten ersetzt, die mithilfe von Software-Apps flexible an neue funktionale Anforderungen anpassbar sind.

Kagermann Aufbrechen müssen wir gemeinsam und jeder in seinem Bereich. Wenn wir – Wirtschaft, Wissenschaft, Politik und Gesellschaft – die Digitalisierung partnerschaftlich und für alle Beteiligten offen gestalten, schaffen wir Wertschöpfung, Arbeitsplätze und Wohlstand in Deutschland. Verharren wir dagegen in Nischen der Marktführerschaft, dann könnten unsere Marktführer von heute die austauschbaren Zulieferer von morgen werden. Unsere technologische Souveränität sichern wir am besten, indem wir uns öffnen, über Branchengrenzen hinweg kooperieren und mutig in die digitale Gesellschaft mit Industrie 4.0 und einer Smart-Service-Welt aufbrechen: Abschotten ist keine Alternative.

MinDir Prof. Dr. Wolf-Dieter Lukas ist Leiter der Abteilung „Schlüsseltechnologien – Forschung für Innovationen" im Bundesministerium für Bildung und Forschung (BMBF), Berlin, Bonn.

Prof. Dr. rer. nat. Dr.-Ing. E. h. Henning Kagermann ist Präsident der acatech –
Deutsche Akademie der Technikwissenschaften e. V., München.
Prof. Dr. rer. nat. Dr. h.c. mult. Wolfgang Wahlster ist Direktor und Vorsitzender der
Geschäftsführung des Deutschen Forschungszentrums für Künstliche Intelligenz
(DFKI GmbH) in Saarbrücken, Kaiserslautern, Bremen und Berlin.

Zahn um Zahn

2

WITTENSTEIN AG, Igersheim

> Mit dem Hermes Award 2015 wurde die Wittenstein AG für eine völlig neue Getriebegattung ausgezeichnet, das Antriebssystem Galaxie. Das Getriebe bildet zusammen mit einem neu entwickelten Hochleistungsmotor eine hochkompakte Hohlwellen-Antriebseinheit mit Industrie-4.0-Konnektivität. Der Clou: Beim Galaxie-Antriebssystem verzichtet erstmals ein Getriebe auf ein Zahnrad.

Bislang basieren alle mechanischen Getriebe auf Zahnrädern. Die Ingenieure der Wittenstein AG in Igersheim sagten „Nein, das muss nicht so sein". Ihre Idee: Primär benötigt man nur dynamisierte Einzelzähne mit hydrodynamischem, vollflächigem Zahneingriff (Abb. 2.1). Und dann die Sensation: Die neue Getriebegattung und das daraus entwickelte Galaxie-Antriebssystem sind in sämtlichen technischen Disziplinen besser als alles bislang Dagewesene.

Seit mehr als zwei Jahren ist der völlig neuartige Antrieb von Wittenstein bei Lead-Kunden des Unternehmens im Einsatz und sorgt dort für Produktivitäts- und Qualitätssteigerungen von teilweise 100 % und mehr. Wie das möglich ist, erklärt der Erfinder Thomas Bayer, Leiter Generierungsprozess bei der Wittenstein AG, mit den Eigenschaften des Galaxie-Antriebes im Vergleich zu den bekannten Planeten-, Zykloid-, Exzenter- und Harmonic-Drive-Getriebe-Prinzipien: „Diese neue Getriebegattung ist in allen wichtigen technischen Disziplinen um Faktoren besser und das können wir beweisen."

© Springer Fachmedien Wiesbaden 2016
W. Wahlster, D. Beste, *HERMES AWARD – Internationaler Technologiepreis der HANNOVER MESSE*, essentials, DOI 10.1007/978-3-658-12834-0_2

Abb. 2.1 Neues Getriebeprinzip mit dynamisierten Einzelzähnen und hydrodynamischem, vollflächigem Zahneingriff

2.1   Aufbau der neuen Getriebegattung

Das Hohlrad des Getriebes ist Teil des Gehäuses, die Eingangswelle ist mit dem Polygon und der Abtriebsflansch mit dem Zahnträger verbunden. Das Polygon verschiebt über ein Nadellager mit segmentiertem Außenring die Einzelzähne in die Innenverzahnung. Betrachtet man nur einen einzigen Zahn, so erkennt man leicht, dass der Zahn bei der radialen Verschiebung auf die Flanke der Innenverzahnung gleitet und den Zahnträger entgegen der Drehrichtung des Polygons verdreht. Die Übersetzung des Getriebes errechnet sich aus dem Verhältnis der Zähnezahlen von Hohlrad und Polygonzahl. Bei 50 Zähnen im Hohlrad ergibt sich bei einer Polygonzahl von 2 eine Übersetzung von 24, beim 3er-Polygon und 51 Zähnen im Hohlrad eine Übersetzung von 16 (Abb. 2.2). In Verbindung mit einer Vorstufe mit i=3 bis 10 kann ein Übersetzungsbereich von 16 bis 240 abgedeckt werden. Insbesondere kleine Übersetzungen unter 50 bieten Maschinenkonstrukteuren ganz neue Optionen, da dieser Bereich mit den anderen Präzisionsgetriebebauarten nicht abgedeckt werden kann. Das neue Getriebe lässt sich mit acht Eigenschaften charakterisieren, die im Folgenden ausgeführt werden.

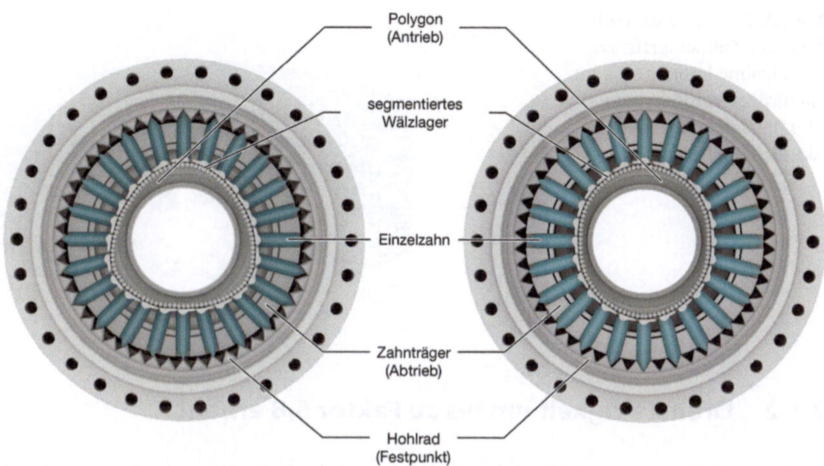

Abb. 2.2 Beim Galaxie-Getriebe erfolgt die Drehmomentwandlung über dynamisierte Einzelzähne, die um ein 2er- oder 3er-Antriebspolygon mit Nadellagerung herum gruppiert sind und entlang der Innenverzahnung des Hohlrades geführt werden. Dieses Prinzip führt dazu, dass fast alle Zähne gleichzeitig am Zahneingriff beteiligt sind – im Gegensatz zu einigen wenigen bei anderen Getriebeausführungen

2.1.1 Tragfähigkeit um Faktor 3 erhöht

Vollflächiger Zahneingriff Getriebe auf Basis der Zykloide oder Evolvente haben entweder Linien- oder Punktberührung im Zahnkontakt. Durch die Belastung entsteht zwar eine kleine Druckellipse, aber man ist noch weit von einer echten Fläche entfernt. Wesentliches Merkmal des Galaxie-Antriebes ist die Abkehr von einer Verzahnung mit einem Wälzpunkt hin zu einer Verzahnung mit einem echten Flächenkontakt (Abb. 2.3). Die Zähne gleiten oszillierend mit ihrer Fläche in die Innenverzahnung hinein und heraus.

Adaptiver Zahneingriff Die „dynamisierten Zähne" verfügen über einen zusätzlichen Freiheitsgrad um ihre eigene Achse. Sie können sich bei elastischen Verformungen immer in die ideale Position drehen und nehmen so für das Kräftegleichgewicht adaptiv die Position mit einer optimalen Druckverteilung im Zahnkontakt ein.

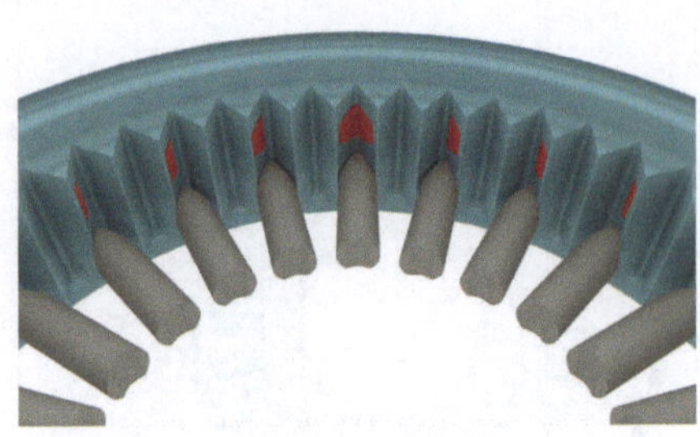

Abb. 2.3 Adaptiver, vollflächiger Zahneingriff: Die Einzelzähne können sich im Zahnträger verdrehen und automatisch dem Zahnkontakt ideal anpassen

2.1.2 Drehsteifigkeit um bis zu Faktor 5,8 erhöht

Vielfacher Zahneingriff Die Kinematik des Galaxie-Systems ist so entwickelt worden, dass von den 24 Einzelzähnen fast alle an der Drehmomentübertragung und Steifigkeitsbildung beteiligt sind. Das ist einzigartig. Zwischen dem Zahnträger und der Innenverzahnung des Hohlrades ist ein minimaler Spalt von wenigen zehntel Millimetern. Durch den extrem kurzen Abstand und den flächigen Zahneingriff gibt es praktisch keine Biegelänge mehr, wie man das von herkömmlichen Zahnrädern kennt. Mittels FEM wurden die tragenden Flächen eines schräg verzahnten Planetengetriebes mit denen des Galaxie-Systems gleichen Hohlraddurchmessers verglichen. Das neue Getriebe erreicht 6,5-mal mehr tragende Zahnfläche und vielfach geringere Flächenpressungen im Zahnkontakt! Aus der hohen Zahl der tragenden Zähne und dieser idealen Geometrie resultiert eine Drehsteifigkeit, die um bis zu Faktor 5,8 größer ist als die vergleichbarer Getriebe am Markt.

2.1.3 Verschleißfrei, keine Spielzunahme

Hydrodynamischer Zahneingriff Der Fachmann würde im Zahnkontakt einen Reibwert von mindestens 0,05 bis 0,08 vermuten. Die Igersheimer Entwickler können praktisch und inzwischen auch theoretisch nachweisen, dass sich im Zahnkontakt ein hydrodynamischer Schmierfilm aufbaut. Es ist leicht einzusehen, dass die Art und Weise wie die Zahnflanke mit einer Relativgeschwindigkeit auf die Gegenfläche aufläuft, physikalisch einem Segmentgleitlager ähnelt: Zwischen den Kontaktflächen baut sich ein stabiles Druckpolster auf. Mit der großen Anzahl an tragenden Zähnen und dem Flächenkontakt sind die Flächenpressungen so gering, dass schon bei sehr kleinen Drehzahlen trotz höchster Momentenbelastung stets eine hydrodynamische Schmierung vorherrscht. Auch die Passung zwischen den runden Zahnkörpern und den Zahnträgerbohrungen verschleißt nicht messbar aufgrund der hydrodynamischen Schmierung. Folglich bleibt auch das eingestellte Verdrehspiel absolut konstant.

2.1.4 Höchster Wirkungsgrad in der Klasse

Hydrodynamischer Zahneingriff Schon bei den ersten Versuchen und Wirkungsgradmessungen ermittelten die Ingenieure in Igersheim Wirkungsgrade von bis zu 91 %. Das würde man aufgrund der vielen bewegten Einzelteile und der Gleitreibung an den Einzelzähnen nicht vermuten. Das ist zwischen 18 und 29 % besser als vergleichbare Systeme am Markt.

2.1.5 Beste dynamische Positioniergenauigkeit

Dauerhaft spielfrei und höchste Steifigkeit im Nulldurchgang Das Galaxie-System verfügt über ein Spiel von 1 bis 2 Winkelminuten, kann aber auch durch entsprechende Bauteilsortierung spielfrei eingestellt werden – ohne dass dabei die maximal übertragbaren Drehmomente reduziert werden müssen! Die positiven, hydrodynamischen Eigenschaften bleiben auch bei der spielfreien Variante voll erhalten. Eine herausragende Eigenschaft des spielfreien Galaxie-Antriebes ist die sehr hohe Steifigkeit bei Wechselbelastung im Nulldurchgang, die sich im Betrieb nicht ändert.

2.1.6 Höchste Gleichlaufgenauigkeit

Verzahnung nach logarithmischer Spirale Das Polygon und die Verzahnung nach der logarithmischen Spirale (Abb. 2.4) liefern mathematisch einen exakten Gleichlauf. Die noch vorhandenen Gleichlaufschwankungen liegen in den letzten, unvermeidbaren Fertigungsungenauigkeiten begründet. Auch hier werden im Vergleich zu anderen Getrieben die Bestmarken erreicht.

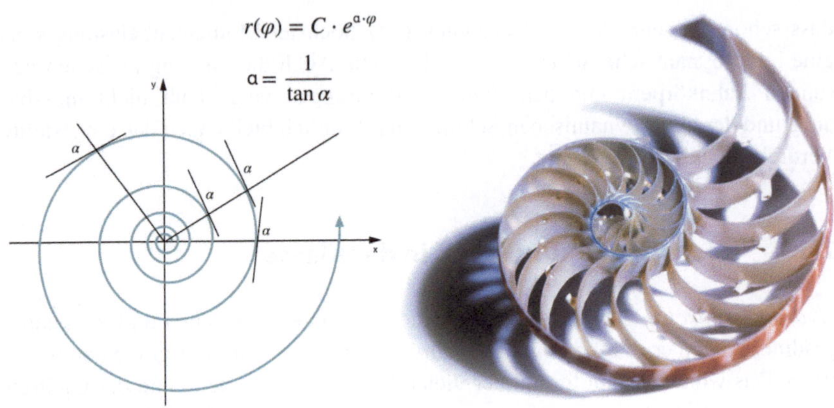

Abb. 2.4 Die Natur zum Vorbild: Neben Evolvente und Zykloide ist die logarithmische Spirale eine neue Funktion im Getriebebau

2.1.7 Überlastfähigkeit um Faktor 3 erhöht

Wie unter 2 beschrieben, sind fast alle Zähne permanent im Eingriff. Durch den sehr kleinen Abstand zwischen den Zahnkräften und den Reaktionskräften an den Einzelzähnen werden diese primär nicht mehr auf Biegung, sondern fast vollständig auf Scherung beansprucht. Dadurch übertrifft das Galaxie-System hinsichtlich der Überlastfähigkeit selbst Zykloidengetriebe nochmals um den Faktor 3.

2.1.8 Größte Hohlwelle

Kurze Einzelzähne und eine flache Polygonlagerung ermöglichen eine sehr große Hohlwelle bezogen auf den Außendurchmesser.

2.2 Mit dem Galaxie-Antrieb lassen sich Maschinen neu konzipieren

Konventionelle Servomotoren müssen relativ groß ausfallen, wenn man das Potenzial des Getriebes auch voll ausnutzen möchte. Daher hat Wittenstein cyber motor für das Galaxie-System einen extrem hoch gezüchteten Motor entwickelt, der

Abb. 2.5 Mit acht heraus-
ragenden technischen
Merkmalen des Galaxie-
Antriebssystems können
Konstrukteure ihre Maschi-
nen ganz neu überdenken

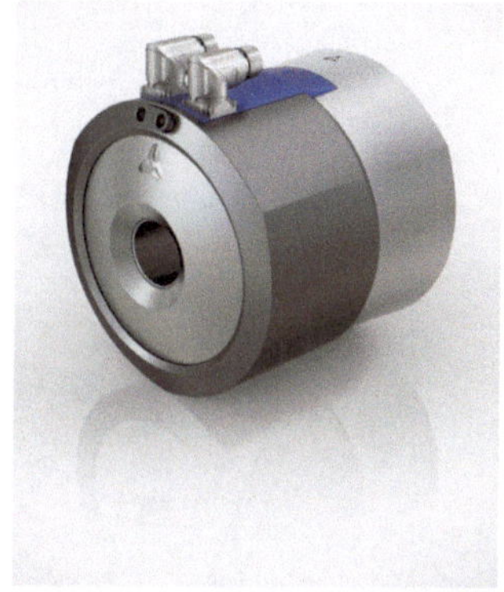

speziell auf die Eigenschaften des Getriebes abgestimmt ist. Motor und Getriebe
bilden eine mechatronische Einheit, bei der Durchmesser und Länge in etwa gleich
groß sind (Abb. 2.5). So entstand ein Antrieb mit bislang unerreichter Drehmomentdichte. Auch eine Sensorik wurde integriert, um den neu entwickelten Hoch-
leistungsmotor mit dem Getriebe zu einer hochkompakten Hohlwellen-Antriebs-
einheit mit Industrie-4.0-Konnektivität zu verschmelzen.

Die Kombination der acht beschriebenen, exzellenten Eigenschaften des Galaxie-Systems ist in der Antriebstechnik bislang unbekannt gewesen. Ingenieure
können nun ihre Maschinen komplett neu überdenken und echte Entwicklungs-
sprünge generieren. Sie müssen nicht mehr Kompromisslösungen eingehen, wenn
beispielsweise gleichzeitig sehr hohe Präzision und Drehmomentdichte gefordert
sind (Abb. 2.6). Direktantriebe können ersetzt werden. Die Integration des Galaxie-Antriebssystems in die Maschine ist deutlich einfacher und es kommen kleine-
re Bremsen zum Einsatz. Auch Verspannantriebe mit ihrer aufwendigeren Steuerung können leicht ersetzt werden. Vergleichbare Hohlwellengetriebe müssen bei
gleichem Drehmoment mindestens zwei Baugrößen größer sein und erreichen den-
noch nicht die Leistungsfähigkeit des Galaxie-Antriebes. Wittenstein positioniert
sich mit dem Galaxie-Antrieb abermals als Enabler für den Hochleistungsmaschi-
nenbau der nächsten Generation.

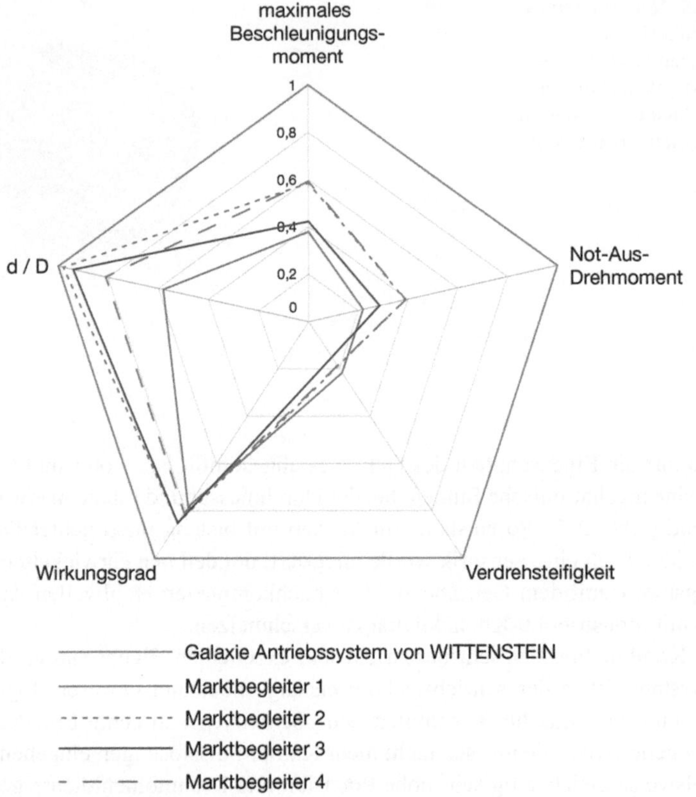

Abb. 2.6 Vergleich der Hauptmerkmale des Galaxie-Antriebssystems zum Stand der Technik. (Bildquelle: Wittenstein)

Die weiteren Nominierten des Jahres 2015
ABB Automation GmbH, Mannheim

Das nominierte Produkt YuMI ist ein kollaborativer Zweiarmroboter, der Feinarbeiten mit sehr hoher Präzision ausführen und sich mit zweimal sieben Freiheitsgraden ergonomisch an Arbeitsplätze für Menschen anpassen kann. Leichtbau, Polsterung und Kollisionserkennung machen ihn inhärent sicher. Damit eignet er sich für die gefahrlose Zusammenarbeit von Mensch und Roboter an einem gemeinsamen Arbeitsplatz ohne störende Schutzeinrichtungen. YuMI ist flexibel einsetzbar und eignet sich zum Beispiel für den Einsatz in der hybriden Kleinteilmontage in der Elektroindustrie.

ContiTech, Hannover

Im Projekt „Materialinnovation für die Fahrzeugheizung" wurde bei ContiTech eine patentierte leit- und streichfähige Paste auf Polymerbasis entwickelt, die sich einfach in automobile Oberflächenmaterialien integrieren lässt. Die Applikation erfolgt mittels Siebdruckverfahren und eignet sich unter anderem für Sitze, Armlehnen oder Türverkleidungen. Der elektrische Strom wird direkt durch die Paste geleitet und erzeugt so Wärme. Das Heizsystem eignet sich für alle Fahrzeuge, insbesondere aber für Elektrofahrzeuge, da der Energieverbrauch im Vergleich zu traditionellen Heizdrähten nur etwa zehn Prozent beträgt und die Heizwirkung in Sekundenschnelle eintritt.

Next Kraftwerke GmbH, Köln

Das virtuelle Kraftwerk Next Pool bündelt mehr als 2500 dezentrale Stromerzeuger und Stromverbraucher mit einer Gesamtleistung von rund 1500 MW. Next Pool beinhaltet ein vollautomatisches Leitsystem, das die Daten aus allen über M2M-Kommunikation vernetzten Anlagen ausliest und diese zentral steuert. So entsteht ein Schwarm von Kleinkraftwerken, der die Rolle von Großkraftwerken übernimmt und damit einen entscheidenden Beitrag zur Energiewende leistet. Über Next Pool können diese Kleinkraftwerke am Regelenergiemarkt tätig werden, was sie als Einzelkraftwerke aufgrund der regulatorischen Mindesteintrittsgröße von 5 MW nicht erreichen würden.

SCHUNK GmbH & Co. KG, Lauffen/Neckar

Bei dem nominierten Produkt eGrip handelt es sich um ein webbasiertes 3D-Designtool für additiv gefertigte Greiferfinger von Robotern. Die Konstruktionszeit sinkt damit um bis zu 97 % auf rund 15 min; die Fertigungs- und Lieferzeit durch den 3D-Druck um bis zu 80 %. Aufgrund einer automatisierten Prozesskette können die Preise für die Greiferfinger unabhängig von der Komplexität des zu handhabenden Bauteils um bis zur Hälfte reduziert werden. Es handelt sich bei diesem Produkt um eine Prozessinnovation, da diese bedienerfreundliche Technologie über einen Online-Shop auch auf andere Komponenten als Smart Service übertragbar ist.

Seit 2004 wird der „Hermes Award" als Technologie-Innovationspreis auf der Hannover Messe verliehen. Der Preis fördert eine schnelle Umsetzung neuer Ideen in marktfähige Produkte und Verfahren. Schirmherren des Hermes Award sind das Bundesministerium für Bildung und Forschung und das Land Niedersachsen.

Der Preis wird jährlich ausgeschrieben und richtet sich an alle Unternehmen und Institutionen aus dem In- und Ausland, die auf der Hannover-Messe ausstellen. Zur Teilnahme zugelassen sind Produkte bzw. technologische Innovationen und/ oder Lösungen (z. B. Verfahren, Softwarekomponenten oder Bauteile als Bestandteile eines Produktes oder einer technischen Innovation). Aus den Bewerbungen nominiert eine Jury fünf Produkte bzw. technologische Innovationen für den Hermes Award. Aktuell gehören der Jury folgende Personen an:

- Prof. Dr. rer. nat. Dr. h.c. mult. Wolfgang Wahlster (Jury-Vorsitzender), Geschäftsführer, Deutsches Forschungszentrum für Künstliche Intelligenz (DFKI) und Mitglied der Nobelpreis-Akademie
- Prof. Dr.-Ing. Reimund Neugebauer, Präsident der Fraunhofer-Gesellschaft (FhG)
- Prof. Dr. Wolf-Dieter Lukas, Leiter der Abteilung 5 des Bundesministeriums für Bildung und Forschung (BMBF)
- Eduard Altmann, Chefredakteur, Produktion
- Ken Fouhy, Chefredakteur, VDI Nachrichten
- Georg Giersberg, Wirtschaftsredakteur, Frankfurter Allgemeine Zeitung
- Dipl.-Ing. Werner Götz, Chefredakteur, Industrieanzeiger
- Frank Jablonski, Chefredakteur, MM-Maschinenmarkt

© Springer Fachmedien Wiesbaden 2016
W. Wahlster, D. Beste, *HERMES AWARD – Internationaler Technologiepreis der HANNOVER MESSE*, essentials, DOI 10.1007/978-3-658-12834-0_3

Der begehrte Preis im Gesamtwert von etwa 100.000 € zeichnet eine herausragende Innovation aus, die erstmals auf der Hannover Messe präsentiert wird. Damit zählt der Hermes Award zu den höchstdotierten Technologie-Wettbewerben weltweit.

3.1   Hermes Award 2014: Schrittweise zum Smart Grid

SAG GmbH Bereich CeGIT/Smart Grid Services, Oberhausen

2014 verlieh die Jury den Hermes Award für die SAG-Lösung iNES – Intelligentes Verteilnetz-Management, mit der ein konventionelles Niederspannungsnetz schrittweise zu einem Smart Grid umgerüstet werden kann. Die modulare und autarke Mess- und Regelsystemplattform übernimmt die dezentrale Erfassung des Netzzustands, wobei sie dezentrale intelligente Software-Agenten einbezieht. Die Einspeise- und Lastflusssituationen werden in Echtzeit kontrolliert. Bei Bedarf werden kritische Abweichungen durch Regelung der im Netz vorhandenen Betriebsmittel sowie der eingebundenen Erzeuger und Verbraucher gezielt ausgeglichen. So lässt sich mit iNES in drei Ausbauschritten vom Stations-Monitoring über das Netz-Monitoring bis hin zur Netzautomatisierung die vorhandene Netzkapazität optimal ausnutzen und der konventionelle Netzausbau reduzieren, ohne die Netzstabilität zu gefährden.

Als technisches Betriebssystem für das Smart Grid kann die SAG-Entwicklung das Rückgrat der Energiewende bilden und die Basis für Smart-Market-Ansätze sei. Das Unternehmen hat sich nun vorgenommen, mit iNES schrittweise das Netz mit Intelligenz zu versehen und einen Vorteil des Produkts voll zur Geltung zu bringen: Nur maximal 10 bis 15 % der Netzknoten müssen mit der Hardware ausgerüstet werden, um den Netzzustand und potenzielle Änderungen der Netztopologie automatisch registrieren zu können.

„Mit iNES zeigt die SAG GmbH einen Migrationspfad auf, der ausgehend von bestehenden Komponenten des heutigen Verteilnetzes einen schrittweisen Umbau hin zu einem Smart Grid ermöglicht. Neben der technologischen Lösung der SAG GmbH hat uns auch der wirtschaftliche Aspekt überzeugt, da aufgrund der verbesserten Auslastung der bestehenden Netze auf einen Teil des kostenintensiven Netzausbaus verzichtet werden kann, ohne die Netzstabilität zu gefährden", begründete Vorsitzender Prof. Dr. Wolfgang Wahlster die einstimmige Entscheidung der Jury.

Den Preis übergab die Bundesministerin für Bildung und Forschung, Prof. Dr. Johanna Wanka. „Die Energiewende ist ein gesamtgesellschaftliches Großprojekt. Für die erfolgreiche Umsetzung sind wegweisende Innovationen für einen intelligenten Netzumbau von großer Bedeutung, da sie Umwelt und Ressourcen schonen. Als Bundesregierung fördern wir deshalb die nachhaltige Energieforschung und legen dabei bewusst einen Schwerpunkt auf die Unterstützung der Energiewende", sagte die Bundesministerin in ihrer Laudatio.

Die weiteren Nominierten des Jahres 2014
Bürkert Werke GmbH, Indelfingen

Bei dem nominierten Produkt FLOWave handelt es sich um ein Durchflussmessgerät für Rohrleitungen. Dabei werden erstmals akustische Oberflächenwellen in einem Edelstahlrohr ohne Einbauten zur Messung von Durchflussgeschwindigkeit und Flüssigkeitseigenschaften genutzt. Diese Wellen werden in der Rohroberfläche durch piezoelektrische Interdigitalwandler angeregt. Dabei haben die Messelemente keinen Kontakt zum Medium und sind somit vielfach einsetzbar. Für die Durchflussmessung ohne feste oder bewegliche Einbauten im Messkanal und damit ohne dessen Verengung ergeben sich vielfältige Einsatzmöglichkeiten bei geringen Wartungskosten.

KHS GmbH/Salzgitter AG, Bad Kreuznach

Mit dem Produkt KHS-Innoprint PET wird es möglich, PET-Getränkeflaschen mittels einer innovativen Tintenstrahltechnik zu bedrucken. Auf diese Weise lassen sich Getränkebehälter erstmals direkt in der Befüllungsanlage bedrucken, wobei auf Etikettensysteme aus Papier oder Kunststofffolien verzichtet werden kann. Auch Kleinserien bis zur hinunter zur Losgröße eins können mit dem Verfahren bedruckt werden. Die Tinte ist lebensmittelecht und nahezu geruchsfrei. Sie haftet auf dem Behältnis, lässt sich aber beim Flaschen-Recycling wieder entfernen. Die neue Technik ermöglicht industrielle Individualisierbarkeit von Produkten und kann jährlich viele Tonnen Etikettenmüll einsparen.

Phoenix Contact GmbH & Co. KG, Blomberg

Mit dem Produkt Proficloud lässt sich das Feldbussystem Profinet in die Cloud verlagern. Damit wird die direkte, einfache und leicht zu integrierende Nutzung von Cloud-Diensten möglich, denn die Daten können direkt von einem Cloud-Koppler aus der Smart Factory global abgerufen werden. Ein über die Cloud verbundenes Profinet-Gerät verhält sich wie ein real am Standort vorhandenes Gerät. Damit ist eine effizientere Nutzung gemeinsamer Ressourcen an mehreren Standorten möglich. Bereits bestehende Automatisierungsprojekte können flexibel und ohne aufwendige Umbauten der Infrastruktur erweitert werden und eröffnen damit neue Potenziale. Die sichere Verbindung zur Cloud stellt eine verschlüsselte SSL/TLS-Kommunikation her.

Sensitec GmbH, Lahnau

Für den Hermes Award nominiert wurde mit der Produktserie CMS3000 eine Familie hochdynamischer und hochgenauer Stromsensoren, die auf einer Differenzmagnetfeldmessung beruhen. Da der zu messende Strom bei dieser Technik durch einen U-förmigen Leiter fließt, werden Störeinflüsse externer Magnetfelder eliminiert. Die Stromsensoren haben eine Bandbreite von bis zu 2 MHz und sind bis zu zehnmal schneller als vergleichbare Sensoren. Dadurch bietet sie Schutz bei plötzlichen hohen Strömen, etwa bei Kurzschlüssen. Zusätzlichen Nutzen bringen die hohe Messgenauigkeit und Temperaturstabilität sowie gute Isolationseigenschaften. Für den Ausbau der dezentralen Energieversorgung, aber auch bei der Stromversorgung von Elektroautos spielt die hochauflösende Strommessung eine entscheidende Rolle.

3.2 Hermes Award 2013: Effiziente Kommunikation in der Industrie 4.0

Bosch Rexroth AG, Lohr am Main

Immer kürzer werdende Produktlebenszyklen steigern die Nachfrage nach hochproduktiven und kosteneffizienten Maschinen und Anlagen in der Produktion. Das führt zu neuen Anforderungen im Maschinenbau, denn auch Maschinenhersteller müssen schneller und kosteneffizienter entwickeln und sich gleichzeitig von der steigenden Anzahl an Wettbewerbern differenzieren. Dies ist nur mit außerordentlicher Flexibilität, kürzester Time-to-Market und mit einem Höchstmaß an Kundenorientierung möglich. Kurzum: Erhöhte Engineering-Effizienz und neue Freiheitsgrade im Software-Engineering sind erforderlich, um individuelle Maschinenfunktionen kundennah und wirtschaftlich zu entwickeln.

Bosch Rexroth erhielt 2013 den Hermes Award für das Projekt Open Core Engineering. Dabei handelt es sich um eine Softwarelösung, die bisher getrennte SPS- und IT-Welten in einem durchgängigen Angebot aus offenen Standards, Softwarewerkzeugen, Funktionspaketen und Open Core Interface verbindet. Das klassische SPS-basierte Engineering wird so mit den neuen Möglichkeiten der Hochsprachen-Programmierung kombiniert. Zusätzlich können innovative Funktionen als Anwenderprogramme auch auf externen Geräten wie Smartphones laufen, wobei native Apps auf Smart Devices nicht nur Daten lesen, sondern auch Daten in die Steuerung schreiben. Damit können sich OEMs erstmals ohne direkte Unterstützung der Steuerungshersteller durch individuelle Softwarefunktionen vom Wettbewerb differenzieren.

„Die Wirtschaft steht an der Schwelle zu einer vierten industriellen Revolution. Das Projekt Open Core Engineering ist ein hervorragendes Beispiel dafür, welche Möglichkeiten Industrie 4.0 für innovative und effiziente Kommunikationsprozesse in der Fertigung bietet", sagte die Bundesforschungsministerin Prof. Dr. Johanna Wanka in ihrer Laudatio. „Die Jury für den Hermes Award hat sich auf der zehnten Sitzung im Jubiläumsjahr des Preises erstmals für eine reine Softwarelösung als Preisträger entschieden. Bei Industrie 4.0 werden immer mehr Funktionen der Fabrikautomation in die Software verlagert. Durch die prämierte Lösung wird die Migration von der heutigen Fabrikwelt in die Zukunft des Internets der Dinge vereinfacht. Mit offenen Standards wird das digitale Produktgedächtnis überall in Echtzeit verfügbar", führte Jury-Vorsitzender Prof. Dr. Wolfgang Wahlster aus.

Open Core Engineering beschleunigt mit Software-Tools, Funktionspaketen und Multitechnologie-Lösungen das Engineering entscheidend. Dabei deckt es alle Schritte von der Projektierung bis zum Produktionsbetrieb ab. Aufwendiges Programmieren komplexer Maschinenprozesse wird durch einfaches Parametrieren ersetzt und der Anwender kann maßgeschneiderte Technologiefunktionen mit Hilfe von Templates flexibel in sein Maschinenprogramm integrieren, erweitern und modular wiederverwenden. „Die prämierte Lösung ist ein wichtiger Beitrag zum Leitthema Integrated Industry und wird daher die zunehmende Vernetzung in der industriellen Produktion nach vorn bringen", kommentierte Dr. Jochen Köckler, Mitglied des Vorstands der Deutschen Messe AG, die Preisverleihung.

Die weiteren Nominierten des Jahres 2013
ebm-papst Mulfingen GmbH & Co. KG, Mulfingen
Nominiert wurde das Produkt Diffusor AxiTop, einem Diffusor zur Verbesserung des Wirkungsgrades und Verringerung der Geräusche bei Ventilatoren. Der innovative Diffusor wandelt einen großen Teil der dynamischen Geschwindigkeitsenergie der austretenden Luft durch eine Verzögerung der Strömungsgeschwindigkeit in statischen Druck um. Dieser wiederum wird für die Druckerhöhung am Ventilator-Laufrad genutzt. Neben der dadurch erzielten Reduzierung des Energiebedarfs um 27 % trägt der neu entwickelte Holz-Kunststoff-Verbundwerkstoff epylen, aus dem der Diffusor hergestellt ist, zur Nachhaltigkeit des Produkts bei.

Hirschmann Automation and Control GmbH, Neckartenzlingen
Das nominierte Produkt OpenBAT – Industrial Access Point ermöglicht erstmals die individuelle Zusammenstellung von industriegerechten WLAN-Access-Points und -Clients via Internet. Diese OpenBAT-Familie basiert auf einer neuen Hard- und Softwaretechnologie und ermöglicht robuste und funktionssichere Funkverbindungen auch in rauen Umgebungen. Das neue Parallel Redundancy Protocol

(PRP) liefert hier eine verlustfreie, da redundante und echtzeitfähige Kommunikation. Dabei werden zwei Frequenzbereiche parallel als redundante Kanäle genutzt. Die neue Generation von WLAN-Geräten erreicht eine Steigerung der WLAN-Netzgeschwindigkeit um bis zu 50 % bei Bandbreiten bis zu 450 MBit/s. Durch Bandpass-Filter werden alle Interferenzen eliminiert, die durch andere Funksignale verursacht werden.

KAESER Kompressoren AG, Coburg

Bei dem nominierten Produkt handelt es sich um ein System, das aus einem Latentwärmespeicher und einem Druckluftkältetrockner besteht. Der Speicher ist hierbei in einem Wärmetauschersystem integriert. Dort laufen alle Prozessschritte der Trocknung ab. Durch die Ausnutzung des Phasenwechsels (fest/flüssig) des Latentspeichermediums ist im Vergleich zu konventionellen Wärmespeichern eine viel kompaktere Bauweise bei gleicher Speicherkapazität möglich. Dadurch sinkt die Speichermasse um 98 %, die Stellfläche um 47 %, das Anlagengewicht um 60 % und die Kältemittelmenge um 53 %.

Schildknecht AG, Murr

Das nominierte Produkt DE 7000 ist ein Gateway für Cloud-basierte M2M-Lösungen mit skalierbarer Teilnehmerzahl. Das Unternehmen hat dazu Ende 2012 das Funkmodul DATAEAGLE (DE) 7000 in die praktische Anwendung gebracht. DE 7000 ermöglicht den Aufbau einer Funkstrecke zwischen Automatisierungsgeräten und Mobilfunknetzen. Dabei können die Daten von digitalen und analogen Signalen sowie der SPS-Feldbusebene über Mobilfunknetze beziehungsweise über das Internet in der Cloud bereitgestellt werden. Mit dem Einsatz von GPRS-Flatratetarifen ab vier Euro pro Monat und preiswerten Cloud-Diensten mit Verschlüsselung liegen die Transferkosten für über 1000 Übertragungen nur im Cent-Bereich, sodass eine sehr preiswerte Lösung für den Einstieg in die M2M-Kommunikation ermöglicht wird, mit der Daten aus der Produktion fast überall in der IT-Welt über Smartphones verfügbar werden.

3.3 Hermes Award 2012: Blitzeinschläge verlieren ihren Schrecken

Phoenix Contact GmbH & Co. KG, Blomberg

Das Blomberger Unternehmen Phoenix Contact wurde 2012 für ein System zum Monitoring von Blitzeinschlägen in Windkraftanlagen mit dem international renommierten Technologiepreis ausgezeichnet. Blitzeinschläge in schwer zugängliche oder entfernte Anlagen, wie z. B. Offshore-Windparks, lassen sich nicht oder nur mit hohem Aufwand erkennen. Das Blitzerfassungssystem LM-S misst Blitzströme in Blitzableitungen und stellt die Auswertungsergebnisse sofort über das Internet für die Fernwartungszentrale bereit. So kann per Fernzugriff, z. B. mit einem Smartphone, zu jeder Zeit die Belastungssituation der Anlage abgefragt werden. Typische Einsatzgebiete für das Blitzerfassungssystem sind alle blitzgefährdeten Anlagen und Gebäude. Dazu zählen z. B. industrielle Anlagen, Großgebäude, Sendemasten, Anlagen der Energieverteilung im Bereich der Hoch- und Höchstspannungstechnik sowie Verkehrsüberwachungssysteme.

Bei Windkraftanlagen sind Blitzeinschläge für einen Großteil der Belastungen von Rotorblättern verantwortlich. Mit dem prämierten System ist nun ein kontinuierliches Monitoring gewährleistet. Das System basiert auf dem elektro-optischen Faraday-Effekt, erfasst den zeitlichen Blitzstromverlauf vollständig und ordnet die Blitzströme den einzelnen Rotorblättern zu. Durch den Einsatz des Systems werden die Verfügbarkeit der Anlagen und die Versorgungssicherheit mit elektrischer Energie erhöht.

Das LM-S-Monitoring-System ist für den Windenergiemarkt und somit für die Energiewende von großer Bedeutung ist. Es ist ein typisches Beispiel für ein modernes cyber-physisches System (CPS): Sensor-Aktuator-Systeme, die mit dem Internet verbunden sind und die Grundlage für die vierte industrielle Revolution bilden. Jährlich werden mehr als 25.000 neue Windkraftanlagen gebaut, davon immer mehr im Offshorebereich. Dank des von Phoenix Contact entwickelten Produkts können Wartungsarbeiten jetzt gezielter, schneller und kostengünstiger durchgeführt werden.

„Mit Phoenix Contact erhält in diesem Jahr ein Unternehmen den Hermes Award, das in 90 Jahren innovationsgetrieben zum Weltkonzern aufstieg und diesen Erfindergeist schon zum 59. Mal auf der Hannover-Messe unter Beweis stellt", sagte Dr. Wolfram von Fritsch, Vorsitzender des Vorstands der Deutschen Messe AG aus Anlass der Preisverleihung.

Die weiteren Nominierten des Jahres 2012
ContiTech AG, Hannover
Bei dem nominierten Produkt Conti Thermo-Protect handelt es sich um eine plastisch verformbare elastomere Mischung, die zur Wärmeisolierung auf Rohrleitungen wie Knetmasse aufgetragen wird. Unter Temperatureinfluss vulkanisiert die Mischung komplett aus und erreicht so ihre maximale Festigkeit und Isolierwirkung. Das Produkt besteht aus einer speziellen mikroporösen Silikonkautschukmischung und ermöglicht die Wärmeisolierung bisher schwer oder gar nicht zu isolierender Bauteile. Dadurch können die Wärmeverluste an diesen Bauteilen um bis zu 70 % reduziert werden.

Festo AG & Co. KG, Esslingen
Nominiert wird das Produkt ExoHand. Dabei handelt es sich um ein Exoskelett mit
einer der menschlichen Hand nachempfundenen Kinematik. Die ExoHand ermöglicht als industrielles Assistenzsystem die Kraftunterstützung bei Montagearbeiten.
Die ExoHand kann aktiv die Finger bewegen, die Kraft in den Fingern verstärken
oder Bewegungen der Hand aufnehmen und an einen Roboter übertragen. Festo
hat sich bei der Entwicklung vor allem auf Erkenntnisse aus der Bionik gestützt:
Acht pneumatische Aktoren werden bewegt und bilden die relevanten Freiheitsgrade einer Hand ab. Kräfte, Winkel und Strecken werden durch Sensoren erfasst.

Linz Center of Mechatronics GmbH, Linz
Bei dem nominierten Produkt handelt es sich um das weltweit schnellste digitale Hy-
draulikventil. Die fünfmal schnellere Schaltzeit führt zu einer stark erhöhten Präzision und Effizienz in der Digitalhydraulik. Kernkomponente des Ventils ist ein leis-
tungsoptimierter magnetischer Aktor mit bisher unerreichter Dynamik. Außerdem
ist eine Temperaturüberwachung des Ventils integriert. Durch den Einsatz kann der
Energieverbrauch hydraulischer Antriebe um bis zu 80 % verringert werden. Gleichzeitig wird die Anlagengeschwindigkeit und damit die Produktivität erheblich ge-
steigert. Die digitale Hydraulik bietet somit ein enormes wirtschaftliches Potenzial.

Pepperl+Fuchs GmbH, Mannheim
Nominiert wurde ein interaktiver Laserscanner mit einer lückenlosen 360-Grad-
Rundumsicht und 250.000 Einzelmessungen pro Sekunde. Damit kann die Entfernung zu Objekten sicher bestimmt werden. Der rotierend aufgebaute Sensor
erfasst in Rundumsicht für eine Ebene seine Umgebung. Der kleine Laserpunkt
gewährleistet durch eine hohe Messrate und Umdrehungsfrequenz die schnelle De-
tektion auch von kleinen Objekten. Das Produkt eignet sich insbesondere für die
fahrerlose Steuerung von Fahrzeugen, zumal es sich durch eine Volumenreduktion
von 30 % um den kleinsten Scanner seiner Leistungsklasse handelt.

3.4 Hermes Award 2011: Spritzen mit der Dampfpistole

Krautzberger GmbH, Eltville
Ausgezeichnet wurde das Unternehmen für ein innovatives Dampfspritzverfah-
ren. Dabei wird die derzeit zum Einsatz kommende Druckluft zum Spritzen durch
Dampf ersetzt. Die Verwendung von Dampf als Zerstäubermedium für Lacke, Kle-
ber und Glasuren ist bisher einmalig. Das Spritzbild wird durch den Einsatz von
Dampf homogener, der Overspray reduziert sich, sodass der Materialbedarf um bis

zu 25 % und der Energiebedarf um bis zu 50 % bei erhöhter Qualität und weniger Geräuschbelastung reduziert werden. Außerdem werden der Trocknungsprozess verkürzt und die damit verbundenen Energiekosten minimiert, sodass insgesamt ein wichtiger Beitrag zur umweltfreundlichen Produktion geleistet wird. Neben den Ressourceneinsparungen wird auch der Lackierer weniger belastet.

In ihrer Laudatio lobte die Bundesforschungsministerin Annette Schavan die Innovationskraft des Mittelstandes: „Die Krautzberger GmbH ist das beste Beispiel für einen mittelständischen Technologie-Treiber, der trotz aller konjunkturellen Widrigkeiten mit guten Ideen, Disziplin und gelebtem Unternehmertum Kurs gehalten hat und heute für eine Technologie ausgezeichnet wird, die genauso Erfolg versprechend wie einzigartig ist."

Das Familienunternehmen Krautzberger hat bereits im Jahr 1902 die heutige Spritzpistole erfunden, und nun hat die vierte Generation mit der Dampfspritzpistole erneut eine bahnbrechende Produkt- und Prozessinnovation auf den Markt gebracht. Bei Dampfspritzapparaten wird die ansonsten für die Zerstäubung an der Düse benötigte Druckluft durch Dampf ersetzt. Als Druckerzeuger kommt bei diesem Verfahren ein Dampferzeuger zum Einsatz. Die Ansteuerung des Dampfspritzapparats erfolgt weiterhin durch Druckluft, welche durch Kompressoren erzeugt wird. Dampfspritzapparate eignen sich für das automatische Beschichten von Oberflächen. Zur Anwendung kommen Spritzmedien wie Lacke, Farben, Klebstoffe, Glasuren, Emaille, Trennmittel und sonstige Verarbeitungshilfen.

Die Geometrie des Sprühstrahls und die zu versprühende Menge des Spritzmediums können beim Dampfspritzverfahren durch Umstellung folgender Faktoren beeinflusst werden: Auswahl der Luft- und Materialdüse, Veränderung des Zerstäuberdampfdrucks, Veränderung des Spritzmediumdrucks, Einstellung des Nadelhubs am Regler des Dampfspritzapparats sowie die Veränderung des Rund- und Flachstrahls. Ein Dampfspritzapparat kann sowohl als selbstständiger Apparat als auch in einer größeren Anlage etwa als Bestandteil einer vollautomatischen Spritzanlage sowie eines Spritzroboters betrieben werden.

Die weiteren Nominierten des Jahres 2011
FerRobotics Compliant Robot Technology GmbH, Linz
Bei dem nominierten Produkt handelt es sich um einen aktiven Kontaktflansch. Dieser dient zur Automatisierung von Anwendungen, die bisher aufgrund von Flexibilität und Empfindsamkeit durch Handarbeit erledigt werden mussten. Der Kontaktflansch kann an jeden Standardroboter angebracht werden. Er ist berührungssensitiv und kraftgeregelt, denn er ist Aktor und Sensor in einem. Er gleicht Toleranzen kontrolliert eigendynamisch aus. Die vorprogrammierten Roboterbahnen müssen keine Toleranzen am Werkstück und Werkzeug berücksichtigen. Die einfache Wertvorgabe der Kraft macht ihn extrem flexibel einsetzbar, zum Beispiel bei der Oberflächenverfolgung von Schleifvorgängen.

Omega Air d.o.o., Ljubljana

Nominiert wurde ein elektronisches Druckluftmessgerät, das zur Überwachung von Druckluftfiltern in Druckluftanlagen eingesetzt wird. Die Druckdifferenzänderung wird konventionell mithilfe einer Membrane durch Verschiebung eines Magneten, der an einer vorgespannten Feder befestigt ist, erfasst. Neu ist die Positionsverschiebung des Magneten. Die Verschiebung eines Tropfens wird nun erstmals aus einem Ferrofluid, also einer magnetisierbaren Flüssigkeit kapazitiv erfasst. Diese Methode ist sehr genau und führt zu einem niedrigen Energieverbrauch. Damit wird ein netzunabhängiger Batteriebetrieb möglich.

Tailorlux GmbH, Steinfurt

Bei dem Produkt Tailor-Safe handelt es sich um ein Sicherheitssystem für den Kopier- oder Plagiatschutz von Produkten aller Art. Die Authentifizierung des zu schützenden Produkts wird durch das Aufbringen von Lumineszenzpigmenten realisiert. Dabei sind 300 Mrd. individuelle Leuchtstoffkombinationen möglich, die wiederum durch Lichtspektroskopie in mobilen Endgeräten mit Internetzugang einfach mit einer Herstellerdatenbank abgeglichen werden können. Das Verfahren ist schnell und biokompatibel, sodass es auch bei Massenwaren, wie zum Beispiel einzelnen Tabletten in medizinischen Anwendungen, eingesetzt werden kann.

wenglor sensoric GmbH, Tettnang

Benannt wird ein Lichtlaufsensor, der die genaue Positionserkennung von Objekten gewährleistet und dabei minimale Abmessungen aufweist. Die eingesetzte softwaregestützte Technik WinTec sorgt erstmals für ein zuverlässiges Schaltverhalten sowohl auf spiegelnden als auch bei schwarzen Oberflächen. WinTec garantiert, dass es zu keiner Beeinflussung oder Störung von benachbarten Sensoren kommt. Das System ist für den Einsatz in allen Industriezweigen gedacht und sichert durch seine robuste und zuverlässige Funktion die unterbrechungsfreie Produktion.

3.5   Hermes Award 2010: Mit Laser strukturieren

LPKF Laser & Electronics AG, Garbsen

Ausgezeichnet wurde das Unternehmen für ein innovatives Laserverfahren, das extrem komplexe Kunststoff-Bauteile strukturiert. Der Laserstrukturierer LPKF Fusion3D schreibt die elektronischen Leiterstrukturen direkt auf ein dreidimensionales Bauteil. So wird aus einem einfachen Kunststoff-Bauteil ein hochwertiger Schaltungsträger, wie beispielsweise ein Motorrad-Griff oder eine Handy-Antenne. Durch den gleichzeitigen Einsatz von bis zu vier Laserköpfen ist die Bearbeitung schnell und präzise.

Das Laser-Direkt-Strukturierungsverfahren überzeugte die Jury mit Präzision, Dreidimensionalität und Flexibilität: Änderungen am Layout lassen sich einfach per Datenänderung vornehmen. Für den Entwickler bietet das Verfahren erhebliche Vorteile: Ein entsprechendes Bauteil-Layout vorausgesetzt, reduzieren sich die Stück- und Gesamtkosten deutlich. Separate Kabel oder Schirmungen entfallen, Steckverbindungen oder zusätzliche Leiterplatten werden überflüssig und auch der Montageaufwand sinkt.

Bundesforschungsministerin Annette Schavan sagte in ihrer Laudatio: „Vor wenigen Wochen haben wir in Berlin den 50. Geburtstag des Lasers gefeiert. Eine Erfindung, die in den USA patentiert wurde. Aber die Unternehmen, die den Laser zu einem industriellen Werkzeug gemacht haben, sitzen zu einem beträchtlichen Teil in Deutschland. Und die Firma LPKF gehört dazu."

Das mit dem Hermes Award auszeichnete Verfahren schafft nicht nur ökonomische Vorteile, eine Verkürzung der Umrüstzeiten und größere Flexibilität. Es hilft zugleich, Energie und Ressourcen klug und sparsam einzusetzen. Es ermöglicht intelligentere Produkte für die Kommunikation, Medizin, Gesundheit und Sicherheit. Also für die großen globalen Herausforderungen. „Deutschland ist ein Schwergewicht in der Laserforschung. Das beweist beispielsweise der Physiknobelpreis 2005", kommentierte der Jury-Vorsitzende Prof. Dr. Wolfgang Wahlster. Das prämierte Produkt Fusion3D zeige aber darüber hinaus, dass innovative Lasertechnik auch zu erfolgreichen Exportprodukten für die riesigen Märkte in Asien führen könne.

Die weiteren Nominierten des Jahres 2010
attocube Systems AG, München
Die Miniaturisierung von Elektronik- und Halbleiter-Komponenten sowie Nano-Techniken verlangen nach verbesserten Mess-, Analyse- und damit auch Positionier-Systemen. Das Unternehmen attocube Systems wurde für sein Nano-Positioniersystem nominiert. Basis ist ein neuer Stellmotor, der das Positionieren auch unter widrigen Bedingungen ermöglicht, wie starken Magnetfeldern, Feuchtigkeit, Hoch-Vakuum oder tiefsten Temperaturen. Und das alles auf den Nanometer genau.

ebm-papst Mulfingen GmbH & Co. KG, Mulfingen
Bei dem nominierten Produkt RadiCal handelt es sich um einen besonders energieeffizienten Ventilator für Luft- und Klimatechnik. Das Ventilator-Rad besteht aus einem Metall-Kunststoff-Verbund. Es ist strömungstechnisch optimiert, hat daher einen sehr guten Wirkungsgrad, und ist besonders leise. Der Antriebsmotor ist kompakt, effizient und gibt nur wenig Wärme ab. Dadurch kann der Energieverbrauch bei Geräuschverringerung um bis zu 50 % gesenkt werden.

Proton Motor Fuel Cell GmbH, Puchheim
Nominiert wurde ein Stadtbus, der emissionsfrei von regenerativ erzeugtem Wasserstoff angetrieben wird. Genutzt werden Brennstoffzellen, Batterien und Super-Kondensatoren. Die Technik schöpft die Vorteile des elektrischen Antriebs voll aus, speichert die Bremsenergie und ermöglicht so eine Energie-Einsparung von mehr als 50 % gegenüber konventionellen Diesel-Bussen.

Rittal GmbH & Co. KG, Herborn
Die Brennstoffzellen mit dem Namen RiCellFlex des Unternehmens Rittal sind gleichzeitig Notstrom-Anlage und Energie-Speicher. Durch die Verknüpfung mit einem Stromnetz kann die gespeicherte Energie zur Abdeckung von Lastspitzen bereitgestellt werden, wie dies bei Smart Grids geplant ist. Damit wird erstmals die wirtschaftliche Verwendung bisher ungenutzter Speicher in Notstrom-Anlagen ermöglicht.

3.6 Hermes Award 2009: Variabilität wandelt sich in Konstanz

Voith Turbo Wind GmbH & Co. KG, Crailsheim
Die Nutzung regenerativer Energie aus Windenergieanlagen forderte die Voith Turbo Wind zu einer innovativen Höchstleistung heraus, die 2009 mit dem Hermes Award ausgezeichnet wurde. Ausgangspunkt der Entwicklung war die Herausforderung, dass für den Netzbetrieb die veränderliche Rotordrehzahl in eine konstante Generatordrehzahl umgewandelt werden muss. Mit dem WinDrive-Antriebssystem gelang es erstmals, eine hochdynamische variable Übersetzung im Triebstrang einer Windturbine ohne Frequenzumrichter zu verwirklichen.

Das Antriebssystem basiert auf einem Drehmomentwandler in Kombination mit einem als Überlagerungsgetriebe ausgelegten Planetengetriebe. Das System wandelt die variable Eingangsdrehzahl des Windturbinenrotors in eine konstante Ausgangsdrehzahl für den Generator um. Die hochdynamische Regelung erfolgt dabei in bis zu 20 ms und ermöglicht den Einsatz eines direkt an das Netz gekoppelten Generators. Da auf den Frequenzumrichter verzichtet werden kann, wird enorm viel Gewicht gespart.

Das System ist nach Herstellerangaben sehr zuverlässig mit geringer Ausfallwahrscheinlichkeit und erreicht aufgrund hoher Frequenzstabilität und Blindleistungsbereitstellung eine große Netzeinspeisequalität. Der WinDrive dämpft dynamische Lasten, die in ungünstigen Fällen im Antriebsstrang auftreten. Mit den reduzierten dynamischen Lasten verlängert sich in der Folge die Lebensdauer des

Hauptgetriebes und anderer Komponenten des Antriebsstrangs um bis zu 12 %. Die hydrodynamische Leistungsübertragung im WinDrive ist verschleißfrei und im Prinzip gleich wie die aerodynamische Leistungsübertragung. Der WinDrive hat so eine hohe Lebensdauer – sie ist größer als die Lebensdauer der Windenergieanlage selbst.

In der Windenergieanlage wird keine störanfällige Leistungselektronik benötigt. Der Mean-Time-Between-Failures-Wert (MTBF) aller im Betrieb befindlichen WinDrive liegt nach Unternehmensangaben bei 25 Jahren (Stand Mai 2012). Damit sinkt die Fehlerrate um bis zu 19 %. Und ohne die empfindliche Leistungselektronik sind Windturbinen für nahezu alle Standorte geeignet.

Die weiteren Nominierten des Jahres 2009
Bosch Rexroth AG, Elchingen
Bei dem hydrostatischen regenerativen Bremssystem HRB parallel handelt es sich um einen Bremsenergiespeicher. Die vorhandene kinetische Energie des Fahrzeugs wird beim Bremsvorgang verwendet, um einen Druckspeicher zu füllen, und steht anschließend dem Fahrzeug zum Beschleunigen wieder zur Verfügung. Der Einsatz von HRB parallel führt zu einer Kraftstoffeinsparung von bis zu 25 % sowie zu einer entsprechenden Reduktion des Kohlendioxid-Ausstoßes. Das größte Einsparpotenzial ergibt sich bei schweren Fahrzeugen wie Lastkraftwagen, Omnibussen oder Baustellenfahrzeugen, die häufig und intensiv bremsen.

CompAir Drucklufttechnik GmbH, Simmern/Hun
Das nominierte Projekt Quantima ist ein neuer absolut ölfreier Turbokompressor mit variabler Drehzahl für Industrieanwendungen. Quantima zeichnet sich durch eine ölfreie, getriebe- und wälzlagerlose Bauweise aus, wodurch sich die Anzahl der Bauteile und der Verschleiß gegenüber herkömmlichen Schraubenkompressoren verringern. Das Antriebs- und Verdichtungssystem besteht aus nur einem beweglichen Teil. Die direkt angetriebene Rotorwelle ist durch adaptive Magnetlager völlig berührungslos und verschleißfrei geführt. Der Energiebedarf ist unter Last und im Leerlauf deutlich niedriger als bei bisherigen Lösungen und ermöglicht Einsparungen von rund 25 %.

HARTING Electric GmbH & Co. KG, Espelkamp
Das auf dem Ethernet-Standard basierende Netzwerk Fast Track Switch ermöglicht eine garantierte Nachrichtenübertragungszeit für Automatisierungsnachrichten, ohne dass spezielle Hardware für die Netzwerkkomponenten verwendet werden muss. Über den Switch können sowohl Automatisierungsgeräte als auch alle anderen Anwendungen, wie zum Beispiel der Bürobereich, miteinander ver-

netzt werden. Damit können erstmals mit einem Netzwerk alle Applikationen eines Unternehmens abgebildet werden, da die Echtzeit speziell für die Nachrichten aus der Automatisierungswelt gilt und diese damit andere Datenpakete „überholen" können. Die traditionelle Feldbusverkabelung kann folglich vollständig durch Ethernet ersetzt werden.

Thomas GmbH + Co. Technik + Innovation KG, Bremervörde
Radius Pultrusion ist ein kontinuierliches Verfahren zur Endlosherstellung von gekrümmten faserverstärkten Profilen. Bisher war das nur für gerade Profile möglich. Die wesentliche technologische Neuerung besteht in der Umkehr des bekannten Pultrusionsprozesses: Es wird nicht mehr das Profil durch die Form gezogen, sondern die Form schrittweise über das Profil geführt. Durch dieses Verfahren wird das mögliche Einsatzfeld von Faserverbundwerkstoffen deutlich erweitert. Bisher haben vor allem die hohen Kosten den Einsatz von Faserverbundstoffen im Massenmarkt limitiert. Nun ergibt sich ein großes Marktpotenzial für das Verfahren, vor allem in der Luftfahrt-, Automobil- und Bauindustrie sowie dem Maschinenbau.

3.7   Hermes Award 2008: Energiesparende Hochtemperatur-Supraleitung

Trithor GmbH + Bültmann GmbH, Rheinbach
Der Hermes Award ging 2008 an die Zenergy Power GmbH mit Sitz in Rheinbach (vormals Trithor GmbH), die gemeinsam mit der Bültmann GmbH aus Neuenrade. Überzeugt hatte die unabhängige Jury die Entwicklung eines innovativen Induktionsheizers, mit dessen Hilfe die Metallindustrie ihren Stromverbrauch bei der Metallformung nahezu halbieren kann. „Ausgehend von dem Effekt der Hochtemperatur-Supraleitung, für den es den Nobelpreis gab, ist jetzt eine industrielle Produktinnovation entstanden, die mit einer Wirkungsgradverdopplung für Induktionsheizer als besonders ressourceneffiziente Technologie ausgezeichnet wird", begründete Jury-Vorsitzender Prof. Dr. Wolfgang Wahlster die Entscheidung.

Die Metallindustrie gehört zu den Branchen mit dem höchsten Stromverbrauch. Beim Härten, Schmieden oder Strangpressen muss das Metall erhitzt werden. Das Heizen durch Induktion ist hier ein altbekanntes Verfahren. Konventionelle Induktionsheizer mit Kupferspulen und Wechselstrom haben jedoch aufgrund hoher elektrischer Verluste einen Wirkungsgrad von weniger als 50 % und sind damit wahre Energiefresser. Der von der Zenergy Power GmbH und der Bültmann GmbH entwickelte Induktionsheizer verbraucht gegenüber der bisherigen Heiztechnik nur halb so viel Strom. Die Entwickler haben dafür den Effekt der Hochtemperatur-Supraleitung mit intelligenten Prozess-Innovationen bekannter Verfahren gepaart und erreichen so Wirkungsgrade von mehr als 80 %.

„Die Gewinner haben einen wegweisenden Beitrag für die Steigerung der Energieeffizienz in der industriellen Metallverarbeitung geleistet", sagte Bundesforschungsministerin Annette Schavan bei der Preisverleihung. Und sie unterstrich: „Das Ergebnis ist eine wegweisende Technologie mit hohem Wert für Wirtschaft und Gesellschaft. Das Sieger-Projekt beweist einmal mehr: Gerade an den Schnittstellen von Schlüsseltechnologien entstehen die herausragenden Innovationen."

Bei dem ausgezeichneten Induktionsheizer handelt es sich mit Fug und Recht um eine Durchbruchinnovation im industriellen Strangpressvorgang. Durch Strangpressen hergestellte Metallteile wie Rohre, Bauprofile, Fenster- und Türrahmen oder Leichtbaukarosserien im Automobilsektor und im Luftfahrtbereich werden durch Induktionsheizer weich und formbar gemacht und so auf den Strangpressvorgang vorbereitet. Konventionelle Induktionsheizer erzeugen das zeitlich veränderliche Magnetfeld mit Kupferspulen und Wechselstrom, wodurch mehr als die Hälfte der eingesetzten Energie verloren geht. Der ausgezeichnete Induktionsheizer besitzt supraleitende Spulen, die einen Wirkungsgrad von über 80 % ermöglichen. Die Supraleitertechnologie wird damit mit ihrem erheblichen Energieeinsparpotenzial erstmals in einem sehr weit verbreiteten industriellen Prozess angewendet. Mit den Hochtemperatur-Supraleitern an Bord kann ein Induktionsheizer mit einer Leistung von 500 kW den jährlichen Energiebedarf von 850 Einpersonenhaushalten gegenüber konventionellen Induktionsheizern einsparen. Die innovative Technologie kam erstmals beim Profilpresswerk Weseralu in Minden zum Einsatz.

Die weiteren Nominierten des Jahres 2008
Herrenknecht AG, Schwanau
Mit der Direct Pipe-Technologie eröffnet Herrenknecht neue Anwendungsmöglichkeiten für das Verlegen von Pipelines in jedem Baugrund. Das Verfahren kombiniert die Vorteile von Microtunnelling- und Horizontalbohrtechnik (HDD). In nur einem Arbeitsschritt kann eine vorgefertigte Rohrleitung grabenlos installiert und gleichzeitig das dazu erforderliche Bohrloch erstellt werden. Das sorgt für eine zügige und sehr wirtschaftliche Verlegung von Pipelines mit Längen von mehr als 1500 m.

HYDAC ELECTRONIC GmbH, Saarbrücken
Das HYDACLab ist ein multifunktionaler Sensor zur Online-Zustandserfassung von Ölen. Aus den Messwerten für die relative Viskositätsänderung, Temperatur, relative Feuchte und der relativen Änderung der Dielektrizitätskonstante ist eine Aussage über den Ölzustand möglich. Die lernfähige Elektronik des HYDACLab

vergleicht Sollwerte und Toleranzgrenzen und ist so in der Lage vor unzulässigen Zuständen und Maschinenschäden zu warnen.

Pepperl + Fuchs GmbH, Mannheim
Das Unternehmen präsentierte die DART-Technologie (Dynamic Arc Recognition and Termination) – ein Explosionsschutz, der die Eigensicherheit auf Komponenten mit hoher Leistungsaufnahme erhöht. Mit dem DART-Feldbus steht nun eine höhere Leistungsübertragung bei gleichzeitiger Aufrechterhaltung von eigensicheren Energieniveaus zur Verfügung. DART schaltet nach Unternehmensangaben den Stromkreis innerhalb von Mikrosekunden aus, bevor die Temperatur des Funkens hoch genug für eine Zündung ist, und kehrt dann wieder zum Normalbetrieb zurück.

Sensitec GmbH, Lahnau
Die innovativen GLM-Sensormodule des Unternehmens ermöglichen das berührungslose Erfassen von Dreh- und Linearbewegungen im Maschinen- und Anlagenbau und bieten unter andrem neue Möglichkeiten zur Abtastung von ferromagnetischen, metallischen Zahnstrukturen. Durch den Einsatz der GMR-Technologie auf der Basis der mit dem Nobelpreis ausgezeichneten Entdeckung des Riesenmagnetwiderstandes in Verbindung mit einem optimierten Magneten entstehen hochintegrierte, kompakte Bauteile.

3.8   Hermes Award 2007: Produktpiraten ein Schnippchen geschlagen

Bayer Technology Services GmbH/Ingenia Technology Limited, Leverkusen
Ein falsches Markenzeichen auf Turnschuhen, unechte Ledertaschen oder Designeruhren zum Spottpreis: Die Liste der gefälschten Produkte ist lang, der Schaden für die Wirtschaft enorm. Mithilfe einer neuartigen Identifikationstechnologie wollen Wissenschaftlerinnen und Wissenschaftler deshalb Gegenstände und Verpackungen eindeutig bestimmen und dadurch die Produktpiraterie erheblich erschweren. Für ihre neuartige Identifikationstechnologie ProteXXion wurde 2007 die Bayer Technology Services GmbH mit dem Hermes Award ausgezeichnet. „Diese Entwicklung bietet die Lösung für ein weltweites Problem", hob die damalige Bundesforschungsministerin Annette Schavan bei der Preisverleihung zum Auftakt der Hannover-Messe hervor: „Es geht nicht allein um wirtschaftliche Schäden, die sich für die Industrie jährlich auf 450 Mrd. € belaufen. Es geht auch um die Sicherheit der Menschen, etwa bei gefälschten Medikamenten oder Teilen im Auto oder Flugzeug."

Die Idee zu ProteXXion beruht nach Angaben der Entwickler auf einer neuartigen Kombination von Verfahren aus der Laser-, der Informations- und der Nanotechnologie. Mit einem Laser werden Oberflächen abgetastet und deren individuelle Struktur als digitaler Fingerabdruck registriert. Wie bei biometrischen Verfahren zur Personenidentifikation können auf diese Weise industriell hergestellte Produkte ohne zusätzliche Markierung eindeutig erkannt werden. Das aufgezeichnete Signal enthält mit den charakteristischen Mustern von Laserflecken hochsignifikante Informationen über die Identität des Gegenstandes – jedes Objekt hat damit seine eigene Signatur.

Alle bisherigen Strategien zur Fälschungserkennung beruhen auf offener oder versteckter Kennzeichnung der Produkte. Keine der angewandten Markierungen schützt völlig vor unautorisierter Nachbildung oder Vervielfältigung, ganz gleich, ob es sich um Wasserzeichen, Barcodes, RFID-Tags, Hologramme oder mit speziellen Drucktinten aufgebrachte Muster handelt.

Mit ProteXXion bietet BTS nun in Zusammenarbeit mit der Ingenia Technology Ltd. ein innovatives Verfahren für die Erkennung und damit Vermeidung von Produktfälschungen an. Die Produkte werden automatisch direkt in der Produktion erfasst und können jederzeit in der nachgelagerten Supply Chain durch den Einsatz mobiler Lesegeräte eindeutig verifiziert werden. Hierzu wird die sogenannte Laser-Surface-Authentication-Technologie (LSA) genutzt. Diese kann den individuellen Fingerabdruck eines Gegenstandes, d. h. dessen natürliche Oberflächenstruktur, registrieren und wieder erkennen. Ein spezielles Abtastverfahren, das auf dem Laser-Speckle-Phänomen beruht, erfasst dabei die mikroskopische Oberflächenstruktur. Hierbei wird die diffuse Streustrahlung der Oberfläche unter verschiedenen Winkeln relativ zum einfallenden Strahl gemessen. Die vom Scanner erfassten Oberflächenmerkmale sind einzigartig – wie ein Fingerabdruck oder eine DNS-Sequenz. Auch eine moderate Abnutzung oder Veränderung der Objekte beeinträchtigt die Erkennung nicht. Die Wahrscheinlichkeit, dass zwei Objekte den gleichen Fingerprint aufweisen, ist äußerst gering. Das vom Scanner aufgezeichnete Signal enthält dadurch eindeutige Informationen über die Identität des Gegenstandes. Die Oberflächenmerkmale können aufgrund ihrer komplexen Struktur nicht künstlich erzeugt werden.

Die weiteren Nominierten des Jahres 2007
CSEM Swiss Center for Electronics and Microtechnology Inc., Alpnach
Das MicroManufacturing-System des CSEM Swiss Center for Electronics and Microtechnology dient zur hochgenauen feinmechanischen Bearbeitung. Mit den modularen Roboterzellen können in einem kleinen Arbeitsraum Produktionslinien für mikromechanische Herstellungsprozesse aufgebaut werden, wobei der Miniatur-Roboter Pocket Delta Kernstück jeder MicroManufacturing-Zelle ist.

Pilz GmbH & Co. KG, Ostfildern
Das System Safety Eye bietet einen auf Kameratechnik basierenden Sicherheitssensor mit integrierter Bildverarbeitung, durch den sich ein gegebener Raum dreidimensional überwachen lässt. Das System steuert, überwacht und sichert Interaktionen von Mensch und Maschine und erfüllt die Sicherheitsanforderungen in der Industrie.

Robowatch Technologies, Berlin
Die nominierten Sicherheits- bzw. Überwachungsroboter können mittels applizierte Sensorik, Bildverarbeitung und Navigationssysteme autonom eingesetzt werden. Es können dabei sowohl große Areale oder gefährliche Umgebungen überwacht als auch Leckagen giftiger Medien oder Brände detektiert werden. Vorgestellt wurden zwei Serviceroboter, einer für die Indoor-Anwendung, der andere für freies und unwegsames Gelände.

Schnell Zündstrahlmotoren AG & Co. KG, Amtzell
Nominiert wurde eine elektronische Einspritztechnik für ein innovatives Motormanagement, das die schwankenden Verbrennungseigenschaften für biogene Kraftstoffe, wie zum Beispiel Biogas und Pflanzenöl, erfasst und daraus den optimalen Einspritzpunkt bestimmt. Die Technologie der Schnell Zündstrahlmotoren ermöglicht eine effizientere energetische Nutzung und gleichzeitige Verringerung der Schadstoffemissionen.

3.9   Hermes Award 2006: RFID in rauer Umgebung

HARTING Mitronics AG, Biel
Der Hermes Award prämierte 2006 einen neuen RFID-Transponder, der dank einer dreidimensionalen Antennentechnik erstmals auch in der Nähe von Metallen und Flüssigkeiten eingesetzt werden kann. Der Transponder hat eine Reichweite von mehr als fünf Metern und kann durch sein industrietaugliches Gehäuse auch in rauen Umgebungen eingesetzt werden. Der passive UHF RFID-Transponder (UHF: Ultra High Frequency und RFID: Radio Frequency Identification) liefert die nötigen Informationen für perfekte Lagerhaltung und ein lückenloses Behältermanagement.

RFID-Anwendungen in der Transport- und Produktionslogistik verlangen zunehmend nach hohen Lesereichweiten auch in der Nähe von Flüssigkeiten und Metallen. Dabei sollen auch Informationen über Hersteller, Inhalt, Produktionsdatum, Seriennummer und Eigentümer eines Objektes jederzeit verfügbar sein und aktuelle Informationen ebenfalls neu gespeichert werden können.

„Die RFID-Technologie revolutioniert zurzeit den Einzelhandel sowie logistische Abläufe. In Zukunft werden wir aber digitale Produktgedächtnisse auch in der industriellen Produktion nutzen können. Der Firma Harting ist mit der passiven Transponder-Serie HARfid ein Durchbruch gelungen, weil ambiente Intelligenz damit für ganz neue Anwendungsfelder erschlossen werden kann", begründete Prof. Dr. Wolfgang Wahlster die Entscheidung der Jury.

Die weiteren Nominierten des Jahres 2006
ContiTech AG, Hannover
GIGABOX ist ein neuartiges Lager-/Federungskonzept mit integrierter Gummifeder mit hydraulischer Dämpfung und Radführung für Schienenfahrzeuge, speziell Eisenbahn-Güterwagen. Das System der ContiTech weist hervorragende Laufeigenschaften auf und hat gegenüber konventionellen Systemen einen geringeren Verschleiß.

Otto Bock HealthCare GmbH, Duderstadt
Der nominierte DynamicArm war das weltweit erste elektronisch gesteuerte Elektro-Ellenbogengelenk mit stufenloser Getriebeübersetzung. Mit seinem Vario-Getriebe wird das natürliche Bewegungsverhalten eines Armes nachempfunden. Amputierte Patienten profitieren von der hohen Funktionalität des Gelenkes. Das hohe Kraftpotenzial sowie die Präzision und Schnelligkeit des Gelenkes ermöglichen dem Anwender größtmögliche Unabhängigkeit im Alltag.

Thomas Schildknecht Industrieelektronik, Sersheim
Das Datenfunksystem DATAEAGLE verbindet über Funk standardisierte Profibusgeräte und erlaubt, Feldbuskomponenten drahtlos zu verbinden. Es ist eine sehr schnelle Datenübertragung möglich, wobei Breitbandfunktechnologien wie WLAN und Bluetooth eingesetzt werden können. Erstmals ist eine Funktechnologie auch für Profisafe, das Sicherheitsprofil auf Profibus-Basis, industriell einsetzbar.

VIETZ GmbH, Hannover
Das Unternehmen hat ein Verfahren entwickelt, bei dem Pipelines im Baustellenbereich mit einem orbital umlaufenden Faserlasersystem verschweißt werden. Das mobile System ist als komplette Insellösung für den Baustelleneinsatz realisiert und besteht aus einem orbitalen Führungssystem, dem Faserlaser mit Strahlquelle und Energieversorgungseinheit sowie der Prozesssteuerung mit integrierter Qualitätssicherung der Schweißnaht.

3.10 Hermes Award 2005: Überlistung der Lichtgeschwindigkeit

ifm electronic GmbH, Essen

2005 ging der Hermes Award an den efector PMD der ifm electronic. Dabei handelt es sich um einen optischen Abstandssensor mit PMD-Technologie, dem Photo-Misch-Detektor. Das Produkt hatte der Essener Award-Sieger in Zusammenarbeit mit dem Kooperationspartner PMDTechnologies aus Siegen entwickelt.

Physikalische Grundlage des neuen Abstandssensors ist das Lichtlaufzeitverfahren. Ein Lichtstrahl wird von einem Sendeelement ausgesendet und von einem Objekt zum Empfängerelement reflektiert. Die gemessene Lichtlaufzeit ist das Maß für den Abstand vom Sensor zum Objekt. Bedenkt man allerdings, dass die Lichtgeschwindigkeit ca. 3×10^8 m/s beträgt, erscheint eine Messung der resultierenden Laufzeit bei üblichen Entfernungen in industriellen Prozessen mehr als schwierig. Bei einem Objekt in 1 m Entfernung (2 m hin und zurück), ergibt sich eine Laufzeit von nur 6,7 ns. Die Messung solch kurzer Zeiten erfordert eigentlich teure Spezialinstrumente.

Aber es gab einen Ausweg, dem die Entwickler folgten und der darin bestand, ein moduliertes Lichtsignal auszusenden und die Phasenverschiebung zwischen ausgesendetem und empfangenem Signal zu messen. „Die Idee hierzu kam 1996 aus heiterem Himmel und bestand aus einer neuartigen Photodiode mit zwei Ausgängen, die im Gegentakt aktiviert bzw. ausgelesen wird", erinnert sich Professor Rudolf Schwarte, damals am Zentrum für Sensorsysteme des Landes Nordrhein-Westfalen in Siegen tätig: Werden die Photoladungen im gleichen Rhythmus der optischen Modulation nach links und rechts geschaukelt und ausgelesen, so steht das gesuchte Ergebnis sofort als Differenzladung zur Verfügung – ohne dass großer, teurer und fehlerbehafteter Elektronikaufwand betrieben werden müsste. Der Trick der Messung besteht darin, dass der Takt des Auslesens von links und rechts mit dem Takt der Lichtmodulation übereinstimmt – bis auf die unbekannte Laufzeitverschiebung, die Unsymmetrien verursacht.

„Bei dem Abstandssensor handelt es sich um eine echte Durchbruchinnovation. Das vollkommen neuartige Prinzip des Photo-Misch-Detektors wurde erstmals für einen optoelektronischen, hochpräzisen Abstandssensor mit minimalen Abmessungen in ein Serienprodukt umgesetzt", begründete Prof. Dr. Wolfgang Wahlster die Entscheidung der Jury für die Preisverleihung und fügte hinzu: „Als Photon bezeichnet man in der Physik ein Lichtquant. Albert Einstein beschrieb 1905 das Licht als aus Lichtquanten mit Partikeleigenschaften bestehend. Er würde sich sicher über die heutige Verleihung des Hermes Award im Einstein-Jahr 2005 sehr freuen, denn die Optoelektronik ist ein Gebiet, auf dem deutsche Forscher aktuell international eine Spitzenstellung einnehmen."

Einsatzgebiete des efector PMD sind Füllstandmessungen oder die Positionierung zum Beispiel von Flurförderfahrzeugen in Hochregallagern und in autonomen industriellen Transportsystemen zum Schutz vor Kollisionen.

Die weiteren Nominierten des Jahres 2005
ABB ltd., Baden-Dättwil

Strommesssysteme sind etwa bei der elektrolytischen Metallgewinnung unverzichtbar. Bisher waren zur Messung von Gleichströmen bis zu 500 kA komplizierte Stromwandler erforderlich. Diese auf dem Hall-Effekt basierenden Geräte sind nicht nur sperrig, sondern auch schwer: Manche Messwandler wiegen bis zu 2000 kg. Nominiert wurde 2005 ein faseroptischer Stromsensor von ABB, der den Faraday-Effekt in einer optischen Glasfaser nutzt. Konventionelle Strommesssysteme für die Hochspannungstechnik können durch diesen Sensor mit herausragenden Eigenschaften hinsichtlich Genauigkeit, Zuverlässigkeit, Langzeitstabilität und Störunanfälligkeit ersetzt werden.

BAYER Technology Services, Leverkusen

Nominiert war das Multipunkt-Thermometer SpectroBAY MultiTemp, ein innovatives Online-Prozess-Gerät. Völlig neu ist dabei die Nutzung sogenannter Faser-Bragg-Gitter für die Vielpunkt-Temperaturmessung entlang einer in den Prozess eingebrachten Glasfaser. Es handelt sich dabei um eine rein optische und damit berührungslose Technologie. Mittels NIR-Spektroskopie und chemometrischer Auswertung sind zudem gleichzeitig Stoffkonzentrationsmessungen möglich.

HARTING Mitronics AG, Espelkamp

Mittels eines Laserstrukturierungsverfahrens des ostwestfälischen Unternehmens können spritzgegossene Schaltungsträger realisiert werden, die elektrische und mechanische Funktionen in einem dreidimensionalen Bauteil vereinen. Gewicht und Einbauraum können bei dieser Technologie effektiv reduziert werden.

Phoenix Contact GmbH & Co. KG, Blomberg/Lippe

Der 2005 nominierte Wireless IO-Feldbus der Phoenix Contact ermöglichte erstmalig die drahtlose Übertragung echtzeitfähiger und deterministischer Steuersignale in industriellen Automatisierungssystemen. Das System nutzt dazu die Bluetooth-Funktechnologie.

3.11   Hermes Award 2004: Eine herausfordernde Bremse

eStop GmbH, Seefeld

2004 wurde erstmals der mit 100.000 € dotierte Hermes Award verliehen. Prämiert wurde die mechatronische Keilbremse E-brake – ein innovatives elektromotorisches Bremssystem mit hoher mechanischer Selbstverstärkung, das die Jury mit einem exzellenten Energie-Einsparwert überzeugen konnte: Das Produkt benötigte im Vergleich zu herkömmlichen Bremssystemen 97 % weniger Energie und bot sich für zukünftige Brake-by-wire-Technologien an. Der Preis wurde vom damaligen Bundeskanzler Gerhard Schröder und Edelgard Bulmahn, Ministerin für Bildung und Forschung, anlässlich der Eröffnungsveranstaltung der Hannover-Messe an den eStop-Unternehmensgründer Bernd Gombert überreicht.

Ab Oktober 2004 leitete Gombert kurz darauf als technischer Geschäftsführer den Bereich Body & Chassis Elektronics bei Siemens VDO, in die er seine eStop GmbH eingebracht hatte, und verantwortete dort die Weiterentwicklung der elektronischen Keilbremse. Bereits im Prototypenstadium zeigte sich 2007, dass die elektronische Keilbremse EWB (Electronic Wedge Brake) von Siemens VDO leistungsfähiger war, als aktuelle hydraulische Bremssysteme.

Autos werden herkömmlich mit hydraulischen Bremsen verzögert. Elektronik assistiert dabei, um Bremswege zu verkürzen oder ein Ausbrechen zu verhindern. Im Vergleich mit vier Mittelklassefahrzeugen erreichte ein mit der elektronischen Keilbremse EWB ausgestattetes Versuchsfahrzeug ohne Hydraulik sichtbar bessere Bremsleistungen. Dies wurde im Rahmen eines DEKRA-Gutachtens über die Bremsleistung auf aufgerautem Eis im schwedischen Arjeplog bestätigt.

Der Bremsweg aus 80 Stundenkilometern war unter den Augen der DEKRA-Gutachter auf aufgerautem Eis im Mittel knapp 15 % kürzer als der mittlere Bremsweg der vier Vergleichsfahrzeuge. Benötigte das EWB-Versuchsfahrzeug im Schnitt 64,5 m, um zum Stillstand zu kommen, reichte die Spanne bei den hydraulisch gebremsten Fahrzeugen von 71,8 m bis zu 78,4 m. Das bedeutete, dass die klassisch hydraulisch gebremsten Serienfahrzeuge in einer Notbremssituation noch zwischen 27 und 34 Stundenkilometer schnell sein würden, während das EWB-Fahrzeug bereits zum Stehen gekommen wäre.

Nach Übernahme von Siemens VDO durch die Continental AG und der Entscheidung, die Entwicklung der elektronischen Keilbremse einzustellen, verließ Gombert das Unternehmen und gründete in Seefeld ein Entwicklungszentrum für Mechatronik.

Die weiteren Nominierten des Jahres 2004
ABB Schweiz AG, Baden-Dättwil

Im ABB-Forschungszentrum in Baden-Dättwil (Schweiz) wurde 1998 ein Entwicklungsprojekt für einen elektronischen Gaszähler gestartet, mit dem Ziel eine Alternative zum mechanischen Balgengaszähler auf den Weltmarkt zu bringen. Das ABB-Forscherteam gelang erfolgreich die Entwicklung eines Prototyps. Aufgrund von Umstrukturierungen verkaufte ABB Ende 2002 ihre Geschäftssparte Metering.

EnOcean GmbH, Oberhaching

Mit seiner batterielosen Funktechnologie verschiebt EnOcean nach eigenen Angaben „die Grenzen des Machbaren – technologisch und ökologisch." Die Funkmodule des Unternehmens basieren auf miniaturisierten Energiewandlern, äußerst stromsparender Elektronik und zuverlässiger Funktechnik. Die Kombination dieser Elemente ermöglicht Sensorlösungen für energieeffiziente Gebäude oder die Industrietechnik. Die Grundidee für die innovative Technologie des Unternehmens beruht auf einer einfachen Beobachtung: Dort, wo Sensoren Messwerte erfassen, ändert sich auch immer der Energiezustand. Ein Schalter wird gedrückt, die Temperatur ändert sich oder die Beleuchtungsstärke variiert. In diesen Vorgängen steckt genug Energie, um Funksignale zu übertragen.

ifm electronic GmbH, Essen

In die Auswahl der Jury kam ein Schwingungssensor des Unternehmens ifm electronic mit integrierter Maschinendiagnose. Bei dessen aktuellem Produkt efector octavis handelt es sich um eine Schwingungsüberwachung, bei der nicht nur Schwingungsdaten erfasst, sondern auch die Signalanalyse und Maschinendiagnose bereits an der Maschine durchgeführt werden. Der Maschinenzustand wird am Messort ermittelt und über Alarme oder als Zustandswerte an Steuerungen abgegeben.

Vetera GmbH, Einbeck

Nominiert war eine Sensorik für die gefühlte Temperatur. Die gefühlte Temperatur kann inzwischen nach VDI/VDE Richtlinie 3512 für die gesamte Gebäudetechnik in Ausschreibungen berücksichtigt werden. Die patentierten Vereta-Sensoren zur Messung der gefühlten Temperatur erfassen diesen neuen Messwert. Die anschlussfertigen Fühler von Vereta ermöglichen eine energiesparende, individuelle und behagliche Lüftung bzw. Klimatisierung von Räumen.